LES

OISEAUX

ET LES

INSECTES

CAUSERIES D'UN INSTITUTEUR AVEC SES ÉLÈVES

PAR

VICTOR HENRION

INSTITUTEUR A NANCY, MEMBRE ET LAURÉAT DE DIVERSES SOCIÉTÉS.

PREMIÈRE ÉDITION.

Ouvrage approuvé par Son Ém. le Cardinal Donnet, archevêque de Bordeaux, et couronné par l'Académie nationale, la Société nationale d'encouragement au bien, la Société protectrice des animaux, et à l'Exposition universelle des Insectes.

« Si, chemin faisant, vous trouvez sur un arbre ou à terre un nid d'oiseau, la mère y couvant ses œufs ou reposant sur ses petits, vous ne vous emparerez ni d'elle ni de sa nichée, mais vous les laisserez en liberté, afin qu'il ne vous arrive pas malheur et que vous puissiez vivre longtemps. »

DEUTÉRONOME. — Chap. XXII.

« La nature est surtout admirable dans les petites choses. » LINNÉ.

PARIS

LIBRAIRIE CLASSIQUE DE PAUL DUPONT

rue de Grenelle-Saint-Honoré, 45

LES

OISEAUX ET LES INSECTES

Clichy. — Impr. Paul Dupont.

LES

OISEAUX

ET LES

INSECTES

CAUSERIES D'UN INSTITUTEUR AVEC SES ÉLÈVES

PAR

VICTOR HENRION

INSTITUTEUR A NANCY, MEMBRE ET LAURÉAT DE DIVERSES SOCIÉTÉS.

Ouvrage approuvé par Son Ém. le Cardinal Donnet, archevêque de Bordeaux, et couronné par l'Académie nationale, la Société nationale d'encouragement au bien, la Société protectrice des animaux, et à l'Exposition universelle des Insectes.

« Si, chemin faisant, vous trouvez sur un arbre ou à terre un nid d'oiseau, la mère y couvant ses œufs ou reposant sur ses petits, vous ne vous emparerez ni d'elle ni de sa nichée, mais vous les laisserez en liberté, afin qu'il ne vous arrive pas malheur et que vous puissiez vivre longtemps. »

DEUTÉRONOME. — Chap. XXII.

« La nature est surtout admirable dans les petites choses. » LINNÉ.

PARIS

LIBRAIRIE CLASSIQUE DE PAUL DUPONT

RUE DE GRENELLE-SAINT-HONORÉ, 45

1866

ARCHEVÊCHÉ DE BORDEAUX.

Bordeaux, le 28 août 1865.

A Monsieur VICTOR HENRION, *instituteur*.

« Monsieur,

« Ce qui me vient d'un pays qui me sera toujours cher est accueilli comme une bonne fortune. Je n'oublie pas qu'il y a aujourd'hui même trente ans, c'était en août 1835, que je faisais à Dieuze une visite pastorale qui fut pour mon ministère une suite non interrompue de consolations.

« Vous êtes probablement du nombre des petits enfants qui faisaient cortége au coadjuteur de Mgr de Janson, retenu loin de son diocèse par des circonstances malheureuses. Peut-être, en visitant l'école communale, vous inspirai-je des goûts qui ont toujours été les miens : l'amour, le respect des oiseaux, la protection dont nous devons entourer le berceau de leurs petits. Je serais heureux que mes paroles eussent pu vous inspirer l'attachant opuscule que vous m'avez adressé ; j'en ai fait mes délices. C'est un hymne d'admiration et surtout de reconnaissance au divin Créateur, mais touchant comme l'éloge qu'on surprend sur les lèvres pures de l'enfant. Vous avez mis en présence des insectes destructeurs de nos récoltes ces charmantes créatures du bon Dieu qui les poursuivent et nous en délivrent. Il m'a semblé voir en présence des esprits méchants, qui travaillent à notre perte, ces célestes messagers de la Providence, anges protecteurs et gardiens, qui contrebalancent leur pouvoir ennemi.

« Quelle intéressante étude pour les enfants, que de précieuses leçons a la portée de leurs jeunes intelligences !

« Je me suis senti fier un instant, Monsieur, d'avoir pris, en quelques occasions solennelles, la défense de ces chers petits oiseaux notamment au Sénat et dans plusieurs comices agricoles ; mais, je l'avoue, vous faites mieux que moi, vous apprenez à les aimer.

« On pourrait craindre, en commençant à vous lire, une monotonie qui paraissait inévitable. Vous avez su la faire disparaître par la variété du récit et le choix on ne peut plus heureux de citations ou de naïves anecdotes. Le lecteur est entraîné malgré lui jusqu'à la dernière page, regrettant qu'elle arrive si tôt.

« Je ne puis que vous encourager, Monsieur, à publier votre œuvre. Son mérite incontestable ne le cède en rien à son utilité réelle, et j'ose prédire que votre livre sera favorablement accueilli.

« Recevez, etc.

« † **Ferdinand**, Cardinal Donnet,

« *Archevêque de Bordeaux.* »

Extraits des Rapports dont le présent ouvrage a été l'objet dans diverses sociétés.

ACADÉMIE NATIONALE.

Avril 1865. — Rapporteur M. Th. Delbetz, secrétaire du Comité d'agriculture de la société.

« ... M. V. Henrion, dans ses *Causeries*, indique les mœurs de quarante-six oiseaux, qui se rencontrent partout ou à peu près sur le territoire français. Après avoir retracé avec les plus intéressants développements leur genre de vie et leurs caractères propres, il énumère les insectes dont chacun d'eux fait de préférence sa nourriture, et il trace avec soin l'histoire des transformations successives par lesquelles ils passent depuis l'état d'œuf jusqu'à celui d'insectes parfaits, et celle de leurs ravages. Nos champs, nos forêts, nos jardins, nos vignobles, nos greniers, nos demeures, sont, il faut en convenir, souvent très-maltraités par eux. La petitesse de la plupart d'entre eux, et ce ne sont pas les moins à redouter, leur permet d'échapper aisément aux moyens de destruction dont l'homme dispose, et si, avec la puissance de reproduction dont la nature les a doués, ils n'atteignent que rarement à un degré de multiplication réellement dangereux pour notre existence, cela tient, les faits les mieux observés par les naturalistes l'établissent nettement et en particulier les belles recherches de M. Florent-Prévost, à la chasse incessante que leur font les petits oiseaux qui égayent si délicieusement nos champs, nos jardins et nos bois. Ce sont donc surtout ces petits oiseaux qu'il faut respecter, et que la loi doit défendre. Monsieur V. Henrion, ne se borne pas dans ses *Causeries* à plaider délicieusement leur cause, il les fait aimer des enfants. Il leur inspire pour les soins touchants dont les mères entourent leurs jeunes couvées, un religieux respect. C'est le meilleur moyen d'en arrêter le dénichage. Il fait éclore et développe dans les âmes de ces jeunes élèves la vénération de cette admirable tendresse en leur rappelant celle dont leurs propres mères les ont entourés dans leur enfance. Ce n'est jamais en vain qu'on fait vibrer de tels souvenirs. Les plus intéressantes anecdotes se mêlent à ses *Causeries*, et sont toujours parfaitement racontées. Toutes concourent merveilleusement au but que l'auteur se propose, et qui consiste à enraciner profondément au cœur de ses élèves l'amour de la nature...

« *Les Causeries sur les oiseaux et les insectes*, ne sont pas seulement un excellent livre pour l'enseignement, elles sont aussi une œuvre de bien, une œuvre éminemment moralisatrice et propre à concourir à retenir aux champs les jeunes générations rurales. Aussi, nous n'hésitons pas à vous demander de renvoyer encore le nom de leur auteur à votre comité de récompenses. Puissent tous les instituteurs de France suivre le bon exemple que leur donne M. V. Henrion ! »

Le comité des récompenses décerne à M.V. Henrion une médaille de première classe.

SOCIÉTÉ NATIONALE D'ENCOURAGEMENT AU BIEN.

Juin 1866. — Rapporteur M. Honoré Arnoul, secrétaire général de la société.

« M. Henrion à la main heureuse. Le premier ouvrage sorti de sa plume obtient un succès d'estime, de hautes approbations et une de nos couronnes! *Les Oiseaux et les Insectes* ne sont pas, comme son titre semble l'indiquer, un traité d'ornithologie : ce sont des entretiens intéressants, parsemés d'histoires et d'anecdotes, où les enfants et les jeunes gens puiseront le goût de l'étude et de l'observation ; il a mis en présence des insectes destructeurs de nos récoltes les charmantes créatures de Dieu qui les poursuivent et nous en délivrent ; il apprend à les respecter, à les aimer. C'est naïf, moral et touchant ; tout le monde, grands et petits, lira ce travail, sans ennui, jusqu'à la dernière page. »

Une médaille d'honneur est accordée à M. Henrion (Victor), instituteur à Nancy.

SOCIÉTÉ PROTECTRICE DES ANIMAUX.

Juin 1865. — Rapporteur, M. Genty de Bussy, vice-président de la société.

« Les *Causeries* de M. Victor Henrion sur les oiseaux et les insectes offrent de nouvelles preuves de sa rare sagacité non moins que de son dévouement pour la propagation de nos principes... »

Rappel de médaille de vermeil à M. Victor Henrion.

EXPOSITION UNIVERSELLE DES INSECTES.

Septembre 1865. — Rapporteur, M. GUEZON-DUVAL, membre du jury.

« M. Victor Henrion ne fait pas d'exposition, mais il vous adresse un ouvrage intitulé : *les Oiseaux et les Insectes.* Cet opuscule est agréable à lire et reproduit les leçons faites par l'auteur à ses élèves. Il insiste sur la conservation des oiseaux de l'ordre des sylvains, comme les fauvettes, les becs-fins, les rouges-gorges, les rossignols, etc., tous ces chanteurs habitants des prés, des jardins et des bois. Il recommande leur conservation, non-seulement comme agrément des campagnes, mais comme auxiliaire des cultivateurs dans la guerre à faire aux insectes nuisibles... »

Le jury attribue à M. Henrion une médaille de bronze.

INTRODUCTION.

L'Enfant. — « Mais je ne puis comprendre pourquoi vous étudiez, vous qui êtes si savant?

Le Sage. — « On n'est jamais assez savant pour n'avoir plus rien à apprendre, mon cher enfant. Si longue que soit la vie d'un homme, elle ne lui suffirait pas même à connaître à fond un seul sujet d'étude, si simple, si petit que ce sujet paraisse; un insecte, une fleur, une feuille, un brin d'herbe peut occuper pendant des années l'intelligence la plus élevée. Cette étude patiente, obstinée, à laquelle se livrent les savants, est pour eux une source de jouissances si vraies, qu'ils les préfèrent à toutes les distractions du monde...

L'Enfant. — « Voici un papillon qui a des ailes magnifiques, c'est vrai;... voici de l'herbe qui nous fait un tapis aussi doux à fouler qu'agréable à voir mais si j'avais regardé tout cela pendant cinq minutes, il me semble que je l'aurais bien assez vu.

Le Sage. — « Sans doute, si vous ne regardez dans le papillon que l'or et la pourpre de ses ailes;... dans cette herbe que sa fraîcheur... Mais si vous étudiiez la structure et les métamorphoses de cet insecte;... si vous vouliez vous rendre compte de la naissance de ce brin d'herbe;... vous verriez combien de temps peut prendre une telle étude...

L'Enfant. — « Je ne vois pas trop à quoi elle peut être utile.

Le Sage. — « Quand elle ne servirait qu'à nous faire admirer la puissance et la bonté de Dieu, ce serait déjà beaucoup; car l'habitude de voir toutes les merveilles échappées de ses mains nous empêche souvent de lui rendre les actions de grâces que nous lui devons... »

C. Fallet.

Le Maître a ses Élèves.

Mes enfants,

Nous allons commencer nos causeries sur les oiseaux. Nous étudierons ces charmantes créatures sous deux points de vue : 1° sous le rapport de leur utilité comme destructeurs d'insectes nuisibles à nos récoltes ; 2° sous le rapport de l'agrément que nous donne leur beauté, leur gentillesse, leur gaieté.

Vous vous réjouissez tous, je le sais, et moi-même, je vous l'avoue, j'éprouve un bien vif plaisir à aborder cette question : les oiseaux et les fleurs ont été, en effet, les deux grandes passions de ma vie. Est-il rien d'aussi beau que les fleurs au milieu de la verte prairie, les oiseaux en pleine liberté, sur les haies des chemins, sur les charmilles des bocages ou dans la profondeur des forêts ! C'est une étude profonde que nous allons entreprendre. La vie, les mœurs des oiseaux offrent à l'observateur de continuels sujets d'admirer la sage prévoyance du Créateur. Il y a là d'utiles enseignements à recueillir... Vous en ferez votre profit, mes enfants, je l'espère. En les étudiant, vous apprendrez à aimer ces petits êtres si aimables. En voyant leur tendre sollicitude pour leur jeune famille, vous ne serez plus tentés de détruire leurs nids : vous aimerez encore mieux votre bon père, votre bonne mère, parce que vous comprendrez mieux toutes les peines que leur a causées la faiblesse de vos premières années ; vous apprendrez, enfin, comme le dit Buffon, « que cette classe d'êtres légers, que la nature paraît avoir produits dans sa gaieté, peut néanmoins être regardée comme un peuple sérieux, honnête, dont on a eu raison de tirer des fables morales et d'emprunter des exemples utiles. »

A cette question nous rattacherons celle des insectes, qui ne sont pas moins intéressants par leurs transformations, par leurs mœurs et surtout par l'instinct admirable dont la nature a doué certains d'entre eux. Nous chercherons ensemble les moyens de préserver de leurs ravages nos champs, nos vergers, nos jardins.

Puis, quand nous aurons terminé toutes ces études, vous en ferez partager le fruit à vos parents, à vos camarades, que vous amènerez ainsi à aimer et à protéger les oiseaux utiles ; et toute votre vie, mes enfants, vous conserverez les principes que vous aurez recueillis dans nos leçons, vous souvenant que ce serait se montrer ingrat envers Dieu de ne pas être bon pour toutes les créatures qu'il a placées auprès de nous pour servir à nos besoins ou à notre agrément.

LES OISEAUX

ET

LES INSECTES

PREMIÈRE CAUSERIE.

L'ALOUETTE.

Le Maître. — Vous rappelez-vous une de ces belles journées de printemps où, fatigués d'un long hiver, vous êtes allés vous promener à la campagne, respirer un air pur, et où vous avez entendu, pour la première fois, le chant de l'alouette ?

Dites-moi, ce timbre si harmonieux, ces accents si doux, n'ont-ils pas répandu dans votre âme un charme inouï, indéfinissable? Nos pères ont appelé l'hirondelle « l'oiseau du bon Dieu, » parce que son retour dans nos provinces annonce le retour de la belle saison; ce nom ne conviendrait-il pas aussi bien, mieux peut-être, à l'alouette, qui charme tous les lieux qu'elle habite par son intarissable gaieté ?

Chez nos ancêtres les Gaulois, l'alouette était le symbole de la bravoure et de la gaieté qui les ont rendus si célèbres dans l'histoire. Et César, qui avait su leur rendre justice, avait donné le nom poétique de « légion de l'alouette » à la première armée gauloise qui servit sous les ordres de Rome.

JOSEPH. — Ce que vous dites là est bien vrai, Monsieur; mon père, qui est toujours à la campagne, m'a dit souvent qu'il trouvait le temps moins long et le travail moins rude, au printemps, quand l'alouette recommence à chanter.

LE MAÎTRE. — Ce que vous dites là, à votre tour, me rappelle quelques lignes que j'ai lues dans un ouvrage qui vient de paraître : *l'Air et le Monde aérien*, de M. Arthur Mangin ; je vais vous lire ces lignes :

« En Australie, on trouve beaucoup d'oiseaux très-curieux et très-beaux, mais peu ou point de chanteurs ; et tandis qu'on s'occupe si activement d'amener et d'acclimater en Europe les animaux propres à ce continent, on a pris, jusqu'à présent, peu de soucis d'introduire là-bas d'autres animaux d'Europe que les animaux domestiques. Ainsi, personne n'avait encore songé à y transporter de nos petits oiseaux chanteurs, lorsqu'un jour la nouvelle se répandit, à Sydney et aux environs, qu'un gentleman venait de recevoir d'Angleterre une alouette. Aussitôt, grand émoi parmi les habitants. Ces Anglais si graves, si flegmatiques, si affairés, oubliant en cette circonstance leur réserve habituelle, se rendirent en foule, pendant plusieurs jours, chez le gentleman, afin de voir le charmant oiseau dont il était l'heureux possesseur, et surtout afin d'entendre sa voix, doux souvenir de la patrie absente, vrai chant national. »

ÉMILE. — La patrie ne s'oublie donc jamais, Monsieur ?

LE MAÎTRE. — Oh ! non, mon enfant, et notre grand poëte, Victor Hugo, l'a exprimé d'une manière bien touchante dans ces deux vers :

Heureux qui peut, au sein du vallon solitaire,
Naître, vivre et mourir sous le toit paternel.

Je reprends la leçon.

On compte généralement quatre variétés d'alouettes :

L'*alouette ordinaire* ou *alouette des champs* ;

Le *cujelier* ou *alouette des bois ;*

La *farlouse* ou *alouette des prés ;*

L'*alouette pipi* ou *petite alouette.*

Nous allons étudier les mœurs de chacune de ces quatre variétés.

L'ALOUETTE ORDINAIRE.

LA CÉCIDOMYE.

L'alouette ordinaire se tient dans les champs de blé, de seigle, d'avoine, de trèfle, de pommes de terre. Elle ne se perche jamais. C'est un oiseau granivore qui détruit, en automne et en hiver, des quantités considérables de graines parasites, telles que le séné, le chardon. En été, sa nourriture principale consiste en vers, œufs de fourmis, chenilles, sauterelles ; mais il est surtout un insecte auquel elle fait une guerre sans trêve ni merci : c'est la *cécidomye*. Je m'arrête à ce dernier mot, mes enfants, pour vous donner, sur les insectes, quelques explications indispensables, et sans lesquelles nous voyagerions toujours comme dans un monde inconnu.

Alouette ordinaire.

Les insectes sont de petits êtres sans cœur ni artères, et dont le corps se compose d'anneaux ou de segments. Ces anneaux forment généralement deux parties bien distinctes : la première, qui comprend les pattes et la tête, la poitrine, si vous le voulez, s'appelle *corselet*; et l'autre, ou celle de derrière, *abdomen*. Cette règle souffre quelques exceptions, nous le verrons plus tard; mais toujours est-il que c'est à cette conformation physique que les insectes doivent leur nom, qui dérive du latin et signifie *coupé*.

On divise les insectes en deux grandes classes : les insectes aquatiques et les insectes terrestres. Ces deux classes reçoivent elles-mêmes de nombreuses subdivisions, mais nous nous en occuperons fort peu, parce que, vous le savez, ce n'est pas de l'histoire naturelle que nous faisons ici. Il vous suffira de connaître que l'on adopte généralement aujourd'hui, pour l'étude de cette science, le système créé par Linné. Ce naturaliste comprend tous les insectes en sept ordres. Je vais vous en donner les noms, que je vous expliquerai au fur et à mesure que nous rencontrerons dans nos études des individus appartenant à ces ordres :

1° *Coléoptères.*
2° *Orthoptères.*
3° *Névroptères.*
4° *Hyménoptères.*
5° *Lépidoptères.*
6° *Hémiptères.*
7° *Diptères.*

Dans le cours de leur vie, les insectes passent, en général, par trois états entièrement différents, que l'on appelle *métamorphoses*.

1er État : *Larve*. — Les naturalistes désignent sous ce nom tout être, quelque forme qu'il ait d'ailleurs, qui provient de l'œuf d'un insecte, et qui nécessairement devient une nymphe, comme les chenilles et les vers.

2e État : *Nymphe*. — Ce mot signifie *jeune mariée*. Dans cet état, en effet, l'insecte se prépare à paraître dans toute sa beauté, c'est-à-dire à revêtir sa forme définitive, celle d'insecte parfait, ainsi que ces chenilles que vous avez tous vues suspendues aux branches des arbres par un fil, qui ressemblent assez à un enfant emmaillotté et auxquelles, pour cela, on donne quelquefois le nom de *maillot*.

3e État : *Insecte parfait*, comme le papillon, le hanneton.

Quelques insectes ne passent que par deux de ces états : la larve acquiert seulement des ailes ; on les appelle insectes à *demi-métamorphoses*.

Émile. — N'appelle-t-on pas chrysalides ces chenilles suspendues dont vous venez de nous parler ?

Le Maître. — Oui, mon enfant, toutes les nymphes des lépidoptères, c'est-à-dire qui doivent se transformer en papillons, sont appelés *chrysalides*.

Mais laissons, pour le moment, les papillons, et revenons à la cécidomye.

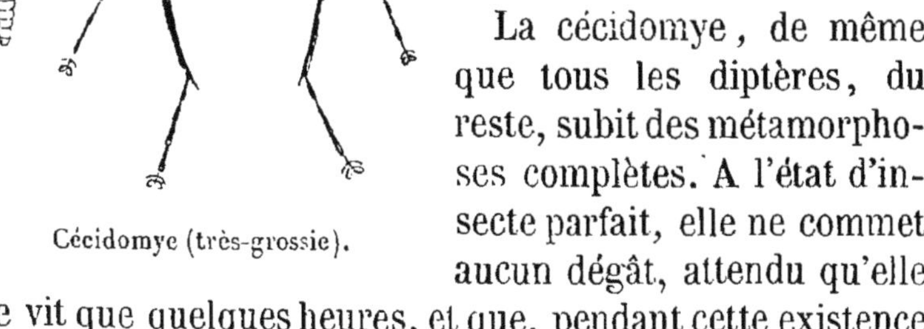

Cécidomye (très-grossie).

C'est un petit insecte qui appartient à l'ordre des *diptères ;* ce terme vient de deux mots grecs : *dis*, deux fois, *ptéron*, ailes, et signifie, par conséquent *deux ailes*. La mouche ordinaire et le cousin appartiennent aussi à cet ordre.

La cécidomye, de même que tous les diptères, du reste, subit des métamorphoses complètes. A l'état d'insecte parfait, elle ne commet aucun dégât, attendu qu'elle ne vit que quelques heures, et que, pendant cette existence éphémère, elle ne mange pas. Ce sont ces toutes petites

1.

mouches dont les légions, semblables à un nuage, volent le matin et le soir au-dessus des champs d'orge, de blé, et déposent leurs œufs dans les épis encore verts.

De ces œufs, invisibles à l'œil nu, naissent de petits vers ou *larves*, qui rongent l'intérieur des épis, et par leur nombre causent parfois des pertes immenses. Souvent un tiers de la récolte est entièrement détruit au moment de la moisson ; et cela se comprend, lorsqu'on sait que cet insecte donne cinq ou six générations dans un mois.

Vous voyez, mes enfants, que non-seulement l'alouette des champs contribue à embellir la vie laborieuse du cultivateur, mais encore qu'elle le sert puissamment en travaillant à la conservation de ses grains.

LE CUJELIER OU ALOUETTE DES BOIS.

LES FOURMIS. — LES TERMITES.

Le cujelier ou alouette des bois, ainsi que son nom l'indique, habite les bois et surtout les taillis. Il se perche, mais seulement sur les grosses branches, la conformation de son doigt postérieur ne lui permettant pas d'embrasser les petites. Il niche à terre et généralement aux environs des bois et dans les terres incultes.

Il se nourrit surtout d'œufs de fourmis.

Allons, Charles, vous qui lisez toujours, dites-nous tout ce que vous savez sur les fourmis ; c'est la seconde fois déjà que j'en parle, et personne ne m'a demandé le tort qu'elles faisaient à l'agriculture ; expliquez-nous donc comment elles nuisent aux plantes.

Charles. — Je sais si peu de choses sur nos fourmis, que je n'ose commencer.

Le Maître. — Je vais vous aider alors ; mais à une

autre causerie, je serai un peu plus exigeant. La *fourmi* fait partie de l'ordre des *hyménoptères*. Les individus qui appartiennent à cet ordre subissent des métamorphoses complètes. Ils se distinguent par 4 ailes transparentes, nues et sans poussière; de là leur nom d'*hyménoptères*, qui vient du grec et signifie : *ailes membraneuses*.

CHARLES. — Mais, Monsieur, les fourmis n'ont pas toutes des ailes ?

LE MAÎTRE. — Dans une fourmilière, il y a trois sortes de fourmis : les *mâles* et les *femelles*, qui servent à la reproduction et qui ont des ailes, et les *ouvrières*, dépourvues d'ailes et qui sont, pour ainsi dire, les esclaves de la société.

Au contraire de la cécidomye, qui ne cause de dommage qu'à l'état de larve, la fourmi, elle, n'est nuisible que comme insecte parfait. Alors elle est un véritable fléau pour les jardins et pour l'homme lui-même. Vous connaissez tous l'effet de sa piqûre : nous n'avons rien à en dire. Quoique l'on ne connaisse pas encore d'une manière absolument exacte ses mœurs, ses travaux, ce que l'on en sait a suffi pour la placer au rang des insectes les plus intelligents du pays.

CHARLES. — Comment donc un si petit animal peut-il pondre des œufs qui ont au moins le double de son volume ?

LE MAÎTRE. — Je suis étonné, Charles, que vous, qui avez lu déjà une partie de ma bibliothèque, vous soyez tombé dans l'erreur commune. Les œufs de la fourmi sont blancs et tellement petits qu'on les voit à peine ; ce que l'on appelle improprement *œufs de fourmis* sont les vers ou larves qui naissent de ces œufs imperceptibles ; et ce sont ces larves que le cujelier dévore par milliers en ses jours de régal, lorsqu'il est arrivé à découvrir une fourmilière. — Ici, la nature encore a couvert ses vues d'un voile impénétrable. Ce n'est ni le père, ni la mère de cette larve qui prend soin de sa faiblesse ; ce sont les ouvrières, des étrangères, qui font alors l'office de mères nourricières. Les ouvrières ont pour ces êtres faibles, abandonnés, les soins tendres et délicats d'une bonne mère. Lorsqu'il pleut ou que le temps est sombre, elles les couvrent de leur corps pour les réchauffer ; si le temps est beau, elle les portent à l'entrée de leur demeure, et les exposent à la chaleur bienfaisante du soleil. Ces vers, arrivés à leur grosseur, se changent en nymphes, qui ne mangent pas, et pour lesquelles les ouvrières ont la même tendresse. Ces nymphes sont enveloppées d'une pellicule qui s'attache à leur corps lorsqu'elles approchent du moment de leur passage à l'état d'insecte parfait. A l'approche de l'automne, les mâles et les femelles périssent, et il ne reste à la fourmilière que les ouvrières et les nymphes. Pendant l'hiver, elles restent engourdies et ne s'éveillent qu'aux beaux jours du printemps.

Émile. — Monsieur, est-ce que toutes les fourmis ont les mêmes mœurs ? Il me semble avoir lu, je ne sais plus où, qu'il en existait une espèce qui faisait du miel.

Le Maître. — Vous avez lu cela dans un volume de ma bibliothèque ; ces fourmis existent en effet, et elles sont assez communes aux environs de Mexico. Elles sont très-petites, se logent en terre comme les nôtres et font une sorte de nids ayant une certaine ressemblance avec les nids de guêpes. Pour recueillir le miel, on prend ces nids et on les presse légèrement. Cette fourmi est appelée *formica melligera*.

Puisque nous en sommes aux fourmis étrangères, j'ajouterai qu'il y a aux Indes une fourmi blanche, appelée *termite*, bien plus nuisible que la nôtre, mais qui s'attaque seulement au bois.

En 1862, le journal anglais *le Times*, de New-York, a cité les désastres causés par des fourmis blanches apportées à Sainte-Hélène sur un vaisseau chargé de bois de construction.

Voici un extrait de ce journal : « Parmi les nombreux édifices qui ont été ainsi ravagés, il faut citer l'habitation du consul américain, M. Tanolle, dont la moitié à peu près s'est effondrée. En regardant le bois provenant des ruines de cette habitation, on lui trouve les apparences d'un bois parfaitement sain ; mais en le prenant à la main et le pressant un peu, il s'écrase comme une coquille d'œuf. Ces fourmis n'attaquent pas seulement le bois, mais encore les livres, papiers, vêtements, cuirs, etc. ; en un mot, toutes les substances qui n'ont pas la dureté du fer. La population est très-alarmée, et la municipalité a promis une prime de 25,000 francs à celui qui découvrirait le moyen de détruire ces animaux. Déjà l'on a enduit les bois de diverses substances ; mais cela n'a jusqu'ici apporté aucun changement. Ce serait l'intérieur qu'il faudrait pouvoir préserver. Les fourmis noires pourraient seules apporter le remède que l'on désire, parce qu'elles dévorent la fourmi blanche. Mais leur nombre n'est pas suffisant dans l'île. Le sapin jaune et le théca sont les seuls bois qui résistent à ces insectes. »

Termite mâle.

JOSEPH. — Mais, Monsieur, l'homme n'a-t-il donc aucun moyen de détruire cet insecte?

LE MAÎTRE. — L'homme a d'abord le cujelier, dont nous parlons ; il a encore le pivert, le torcol, — le carabe doré, le fourmi-lion, dont nous parlerons plus tard et que nous devons protéger comme des amis. Enfin, il a ses moyens à lui. Pour détruire une fourmilière, il faut y verser, le soir, quand toute la peuplade est en repos, de l'eau bouillante mêlée à de l'huile également chauffée.

C'est là un moyen simple, mais qui ne réussit pas toujours. En voici un autre beaucoup plus efficace. Il suffit de verser dans la fourmilière environ 100 grammes de sulfure de carbone et de l'enflammer aussitôt. La vapeur du sulfure est une cause de mort pour les fourmis; la destruction est complète.

LA FARLOUSE.

La farlouse est l'alouette des prés, qu'elle ne quitte jamais. Elle se perche aussi, quoique difficilement, et vit des myriades d'insectes ailés qui voltigent à la surface du sol et se logent sur les grandes herbes des marais. Elle niche dans les prés et choisit souvent les bords des fossés. Elle attaque aussi, mais plus rarement, les œufs de fourmis.

L'ALOUETTE PIPI.

L'alouette pipi est la plus petite de la famille. Elle ne touche que rarement aux insectes; mais elle consomme des quantités innombrables de graines d'herbes parasites, notamment le séné, le chardon, la rougeole, le coquelicot et la nielle. Sous le rapport de l'utilité, elle ne le cède donc en rien à ses trois autres sœurs.

Émile. — Je croyais que l'on n'appelait herbes parasites que celles qui vivaient sur d'autres plantes, comme le gui, qui vient sur le chêne, le poirier; la cuscute, qui vient sur la luzerne.

Le Maître. - Votre observation est très-juste; mais, en agriculture, on est moins sévère sur le choix des mots, et on donne le nom de *parasites* à toutes les herbes qui vivent aux dépens des autres en leur enlevant les sucs nourriciers que leur a livrés le cultivateur.

Notre causerie s'arrêtera là aujourd'hui, mes enfants.

Je vois, par le peu d'observations que vous m'avez faites, que nous sommes sur un terrain que vous ne connaissez pas encore. A notre prochaine réunion, nous parlerons du bec-croisé, du bec-figue et de la bergeronnette; je vous préviens, afin que ceux d'entre vous qui voudront préparer un peu la leçon puissent consulter mes volumes d'histoire naturelle.

A notre prochaine réunion encore, je vous donnerai le programme de nos études; de cette manière, vous pourrez apporter les uns et les autres, à chacune de nos causeries, votre petite quote-part de connaissances et de réflexions.

DEUXIÈME CAUSERIE.

LE BEC-CROISÉ.

LES CLOPORTES. — LA CANTHARIDE. — LA TORDEUSE DU PIN.
LÉGENDE DU COCHON DE SAINT ANTOINE.

LE MAÎTRE. — Certains êtres offrent dans leur conformation extérieure des caractères d'originalité qui feraient douter de la sagesse divine, si l'on ne réfléchissait, ainsi que l'a judicieusement observé Buffon, « que tout est également parfait en soi, puisque tout est sorti des mains du Créateur. » Parmi ces êtres marqués d'un cachet d'excentricité bizarre, le bec-croisé occupe un rang distingué, qu'il doit à la singulière disposition de ses mandibules (mâchoires), croisées l'une sur l'autre, disposition qui, de plus, lui a valu son nom.

Le bec-croisé n'habite point nos contrées, ce n'est même pas pour nous un oiseau de passage; car ceux qui nous arrivent quelquefois sont comme des voyageurs égarés que la tourmente ou une cause qui nous échappe a jetés dans nos parages.

J'en ai vu rarement aux environs de Dieuze, pourtant il en passe quelquefois, et les oiseleurs m'ont dit en avoir pris assez souvent dans les grands sapins du Calvaire.

CHARLES. — Mais alors, Monsieur, si ces oiseaux ont les mandibules croisées, comment donc peuvent-ils faire pour saisir leur nourriture ?

LE MAÎTRE. — Tout dans la nature, mon enfant, a sa raison d'être. Tout a été prévu et arrive selon les vues de la divine Providence ; seulement il restera longtemps encore une foule de mystères que l'intelligence humaine ne pourra expliquer. Il n'en est pas ainsi pourtant du bec-croisé. Et c'est précisément à la disposition de ses mandibules qu'il doit de pouvoir chercher avec plus de facilité la semence ou amande qui se trouve dans les pommes de sapin, et qui est sa nourriture de prédilection. Voici comment il opère. Il place, ou plutôt il accroche sa mandibule inférieure à la pomme de sapin, et de la mandibule supérieure, qui est mobile, indépendante de l'autre, il fend la pomme et en extrait ainsi la graine. Vous voyez que si cet oiseau avait le bec construit comme tous les autres, il lui serait impossible d'exécuter ce travail.

Bec-croisé.

CHARLES. — Et de quel côté sont croisées ses mandibules ?

LE MAÎTRE. — Ici, il n'y a rien de fixe : la partie supérieure est quelquefois à gauche et quelquefois à droite : c'est là un caprice de la nature.

ALEXIS. — Et quand il n'y a plus de pommes de sapin, de quoi peut-il se nourrir ?

LE MAÎTRE. — Il fait alors la chasse aux *cloportes*, aux *mouches cantharides*, et surtout à un insecte que l'on ne trouve que dans les forêts de sapins, et que l'on appelle *la tordeuse du pin*.... Je vois, mes enfants, à vos figures tout étonnées, que chacun de ces mots a besoin d'explications ; commençons donc par le commencement. Y a-t-il quelqu'un parmi vous qui pourrait me dire ce que c'est que le *cloporte* ?

Joseph. — Je crois, Monsieur, pouvoir répondre hardiment que personne de nous ne le sait.

Le Maître, en riant. — Vous ne le connaissez pas sous ce nom ; mais vous le connaissez tous sous son nom vulgaire ; c'est tout simplement le petit insecte que vous appelez *cochon de saint Antoine*.

Tous. — Oh ! alors, nous le connaissons.

Alexis. — Mais pourquoi donc, Monsieur, dit-on toujours saint Antoine et son cochon ?

Le Maître. — Charles, qui a déjà lu toute ma bibliothèque, je le repète, va nous le dire.

Charles. — Je n'ai pas lu cela, Monsieur.

Le Maître. — Alors, je vais vous raconter ce que dit la légende.

Saint Antoine était né à Come, en Égypte, vers l'an 250. Lisant un jour dans l'Évangile ces mots de Notre-Seigneur : « Si vous voulez être parfait, vendez tout ce que vous avez, donnez-le aux pauvres, venez et me suivez, » il en fut profondément touché. Il vendit ses biens, suivant le précepte, renonça au monde et se retira au désert. Après vingt années de pénitence et de prières, Dieu, pour le récompenser de tant de vertu, lui accorda le don des miracles.

Un jour, étant prosterné la face contre terre, il fut soudain tiré de sa méditation par un bruit étrange. Il se releva et vit, couchée à ses pieds, une laie accompagnée de onze petits. La pauvre bête semblait, par ses grognements plaintifs, demander aide et protection, et ses yeux, se portant alternativement de sa famille au solitaire, paraissaient dire : « Homme de Dieu, c'est pour mes enfants que je viens implorer votre puissance auprès de notre Créateur à tous. »

Le saint homme comprit bientôt ce que la tendresse maternelle venait réclamer de lui. Il regarda attentivement les petits sangliers, et il vit alors avec une profonde douleur qu'ils étaient tous aveugles. Il se remit donc aussitôt en prières, et comme la bonté de Dieu s'étend à toutes ses créatures, je vous l'ai répété bien souvent, mes enfants, il eut le bonheur de rendre la lumière à ces malheureux, privés d'un bien sans lequel tous les autres n'ont aucun prix. Depuis ce moment, la laie et ses petits ne quittèrent plus le vieux Père du Désert. Voilà pourquoi, mes enfants, on dit toujours : le *cochon de saint Antoine*.

Émile. — Est-ce que cette histoire est vraie, Monsieur?

Le Maître. — Je ne pourrais l'affirmer, mon enfant. Cependant, comme dans toute légende il y a un fond de vérité, celle-ci nous montre que l'homme bon et véritablement religieux ne méprise pas les plus humbles créatures, parce que toutes sont l'œuvre d'un Dieu qui est lui-même la bonté par excellence. J'ai bien souvent pensé à la légende de saint Antoine, et elle a toujours été pour moi un sujet de réflexions pleines de consolation et d'espérance. Pensez-y quelquefois aussi, mes enfants, vous y trouverez de grandes leçons, et plus tard, lorsque vous serez devenus des hommes, vous comprendrez comme moi combien elle est belle et instructive.

Mais je ne vous ai pas dit encore pourquoi les cloportes sont appelés cochons de saint Antoine; le voici : On prétend que les cloportes ont dans la figure des airs de famille avec le porc. J'avoue que je n'y vois pas beaucoup de ressemblance, et qu'il faut être d'une certaine force en science physionomique pour trouver des rapprochements entre ces deux êtres. Cela étant admis, des gens ignorants qui avaient entendu parler des cochons de saint Antoine, mais qui ne connaissaient pas la légende, se sont dit : saint Antoine dans un désert, habitant une sorte de hutte, ne pouvait avoir d'autre cochons que les cloportes qui logeaient dans les lézardes de sa cellule. Voilà pourquoi les cloportes sont appelés partout, et même dans les traités savants d'histoire naturelle, cochons, ou porcs, ou, comme en Champagne, porcelets de saint Antoine.

ÉMILE. — Les cloportes offrent-ils quelques particularités remarquables ?

LE MAÎTRE. — Oui ; leur manière de se reproduire est assez curieuse. Avant d'ariver à ce fait, je dois vous dire que cet insecte appartient à l'ordre des *aptères*, que nous n'avons pas nommé, parce que ce mot, qui vient du grec et signifie *sans ailes*, n'est pas compris dans la classification de Linné.

Voici ce qu'a observé le savant M. Bourguet, de Nîmes, relativement à la reproduction des cloportes. Il a vu des femelles pondre environ 60 œufs, et les conserver attachés à elles-mêmes par une sorte de petit filet qu'elles rejettent sur leur dos avec une adresse remarquable. De ces œufs, il a vu sortir des petits qui restaient aussi attachés, par un fil blanc d'une finesse extrême, au dos de leur mère. Au fur et à mesure que ces petits grossissaient, la pauvre mère perdait peu à peu ses forces et finissait par sécher, ce qui n'arrivait toutefois que lorsque ses enfants pouvaient se nourrir d'eux-mêmes. Alors les petits cloportes quittaient le cadavre de leur mère.

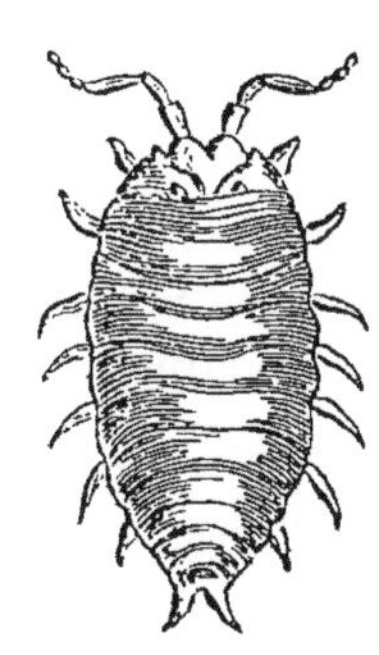

Cloporte.

Ces observations ont eu des contradicteurs, quoique M. Bourguet mérite une confiance sans bornes ; mais, ainsi que l'a dit avec beaucoup de justesse M. Valmont de Bomarre, la nature est si variée et si riche dans ses productions, qu'il ne serait peut-être pas impossible que des diverses espèces de cloportes, les unes fussent ovipares, les autres vivipares.

CHARLES. — Que veulent dire ces mots : ovipares, vivipares ?

Le Maître.— Ovipare, veut dire *animal dont les petits naissent dans des œufs;* vivipare, signifie *animal dont les petits sortent vivants du sein de leur mère.*

Nous disions donc que le bec-croisé mange des cloportes. Ce n'est pas en cela qu'il nous est utile, le cloporte ne nous faisant ni bien ni mal, quoique pourtant il ronge parfois les racines des jeunes plantes.

Il nous rend des services plus signalés en attaquant la cantharide et la tordeuse du pin.

La *cantharide,* que l'on nomme généralement et à tort *mouche cantharide,* attendu que ce n'est pas une mouche, mais un scarabée (mot que nous verrons plus tard), est nuisible, non-seulement aux récoltes, mais encore et surtout aux arbrisseaux. Elle dévore indistinctement les feuilles du blé, de l'avoine, du chèvrefeuille, du rosier, du lilas et de tous les arbustes qui font l'ornement de nos jardins et de nos bosquets. C'est un de nos insectes les plus beaux par la richesse des couleurs. Les unes sont d'un jaune d'or magnifique, d'autres d'un vrai bleu d'azur, d'autres, enfin, d'un jaune mêlé à l'azur. Mais elles exhalent une odeur tellement pénétrante qu'il serait dangereux de s'endormir sous un arbre sur lequel reposeraient un

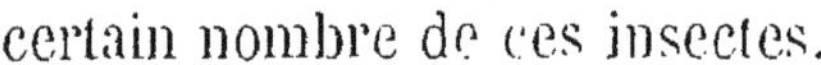

certain nombre de ces insectes.

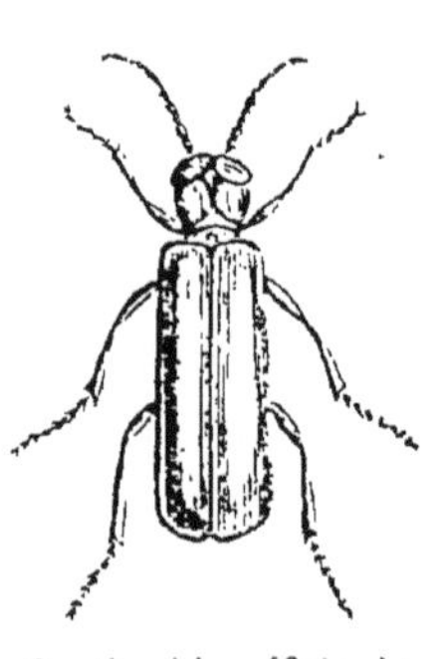

Cantharide officinale.

Les cantharides naissent d'œufs sous forme de vermisseaux ou de chenilles, qui vivent sous terre, où elles subissent toutes leurs métamorphoses.

Dans le midi, où abondent ces hôtes aux ailes dorées, mais aux exhalaisons nauséabondes, on sait en tirer profit. Aux approches d'un orage, lorsque la chaleur augmente, les cantharides ont l'habitude de se rassembler sur les arbres, et presque toujours sur les frênes. On saisit ce moment pour faire bouillir du vinaigre, que l'on va déposer ensuite dans un vase au pied des arbres chargés de ces insectes. La vapeur du vinaigre en ébullition asphyxie les cantharides, qui tombent par milliers et que l'on reçoit sur des toiles tendues au-dessous des arbres. La pharmacie emploie ces insectes, et les vend de 20 à 25 francs le kilogramme.

La *tordeuse du pin*, à laquelle le bec-croisé fait aussi la chasse, je vous l'ai dit, ne vit que dans les forêts de sapins. Elle appartient à l'ordre des *lépidoptères*.

ÉMILE. — Voudriez-vous nous expliquer ce mot, Monsieur?

LE MAÎTRE. — Il vient encore de deux mots grecs : *lépis*, *lépidos*, écaille, et *ptéron*, ailes, et signifie donc : *ailes à écailles*, ou ailes recouvertes d'une poussière écailleuse, ou plus simplement *ailes brillantes*.

Les lépidoptères sont vulgairement nommés papillons, parce que toutes les larves de ces insectes se transforment en papillons, et ils sont tous nuisibles, sauf la chenille du ver à soie.

Ces insectes sont très-féconds ; ils pondent au moins de cinquante à soixante œufs, et quelquefois ce nombre atteint le chiffre effrayant de trois à quatre mille. Les vers ou larves qui naissent de ces œufs sont appelés chenilles. Ces chenilles, après avoir vécu un temps qui varie selon les espèces, s'enferment dans une sorte d'étui qu'on nomme chrysalide. Au sortir de la chrysalide, l'insecte est parfait; la femelle pond ses œufs et meurt de vieillesse quelques jours, souvent même quelques heures après sa ponte ; la vie du mâle est aussi courte.

Émile, ne savez-vous rien sur les papillons ?

ÉMILE. — On les divise en trois classes :

1° Les *diurnes*, qui volent le jour ; il sont les ailes dressées verticalement, et sont presque tous remarquables par la richesse et la variété de leurs couleurs

2° Les *nocturnes*, qui ne volent que la nuit ; ils ont les ailes tombantes pendant le repos, et des couleurs ternes.

3° Les *crépusculaires*, qui ne se montrent qu'aux approches de la nuit ; ils ont les mêmes caractères que les nocturnes.

Le Maître. — C'est bien, mon enfant. Maintenant revenons à la tordeuse du pin. La femelle de cet insecte dépose dans le bourgeon terminal, c'est-à-dire dans le dernier, des jeunes pins ou sapins, ses œufs qui ne tardent pas à se changer en chenilles. Ces chenilles se nourrissent de la moelle dans laquelle elles sont nées ; elles y subissent toutes leurs métamorphoses et n'en sortent qu'à l'état d'insecte parfait. N'ayant plus de moelle, la branche qui a été leur mère nourricière finit par sécher ; et comme les arbres résineux croissent toujours dans une direction verticale, il en résulte que la branche voisine prend la place de la branche morte. Mais elle n'occupe pas le centre de l'arbre ; aussi elle se replie, se *tord*, pour s'en rapprocher le plus possible ; et comme c'est une petite chenille verte qui est la cause première de cette torsion, cette petite chenille a été nommée *la tordeuse du pin*.

Vous voyez, mes enfants, que le bec-croisé, dans ses courtes apparitions chez nous, peut nous être d'une grande utilité, puisque nous avons à Dieuze beaucoup de bosquets de sapins. Que cet étranger donc, dans les visites qu'il voudra bien nous faire, soit toujours traité en ami.

LE BEC-FIGUE.

LE CRIQUET.

Le Midi est la patrie du bec-figue. Je ne parle donc de cet oiseau que pour mémoire. Son nom indique assez qu'elle est sa nourriture ; mais en Lorraine, où il n'y a point de figues, il mange des insectes et s'adresse de préférence au *criquet*, qu'il ne faut pas confondre avec le grillon ou *cri-cri*, et qui ressemble à une petite sauterelle. Le criquet dépose ses œufs en terre, où la chaleur les fait éclore. Les larves qui en sortent ne peuvent voler ; mais sous tous les autres rapports, elles ressemblent à l'insecte parfait.

Le criquet cause parfois beaucoup de dégâts dans nos champs, car il se nourrit d'herbes et de feuilles de céréales. Cependant, nous ne nous y arrêterons pas, parce que le becfigue n'habitant pas la Lorraine, où il est bien plus rare encore que le bec-croisé, ne nous donne occasion d'en parler ici que d'une manière indirecte.

LA BERGERONNETTE

LES CHARANÇONS.

Il y a une sorte de poésie douce, tendre et mélancolique dans ce nom charmant de bergeronnette, donné à ces charmants petits oiseaux sur qui la nature, en mère prodigue, a versé ses trésors de beauté et de grâce.

Compagne fidèle, inséparable du berger, qu'elle suit partout, qu'elle prévient même, dit-on, de l'approche du loup, la bergeronnette, par la confiance qu'elle nous témoigne, rappelle cet âge heureux de l'antique mythologie où les animaux, loin de fuir la présence de l'homme, obéissaient à sa voix, reconnaissaient instinctivement la supériorité dont l'a doué le Créateur, et devenaient ainsi ses serviteurs les plus dévoués.

« La bergeronnette, dit Buffon, si amie de l'homme, ne

se plie point à devenir son esclave ; elle meurt dans la prison de la cage : elle aime la société et craint l'étroite captivité. »

Les bergeronnettes forment un groupe de trois espèces : la *grise*, la *jaune* et la *bleue*.

La *bergeronnette grise* se trouve partout, et partout les mouches sont sa nourriture en été. Lorsque les mouches ont disparu, elle va sur les bords des ruisseaux chercher les larves et les petits insectes, dans les roseaux et les laîches, et elle y passe tout l'hiver.

La *bergeronnette jaune* est assez rare en Lorraine. Je ne sais si elle passe l'hiver chez nous, mais je n'en ai jamais vu en cette saison. Comme la grise, elle se nourrit de mouches, de moucherons et d'insectes fluviatiles. On la rencontre le plus souvent sur les rives des mares et dans les endroits marécageux, où elle cherche des vermisseaux.

La *bergeronnette bleue* est la plus belle et la plus gracieuse ; c'est elle que l'on voit toujours à la suite des troupeaux, cherchant dans les excréments des animaux de petites mouches qui viennent s'y poser.

Bergeronnette bleue.

On la voit également dans les lieux humides, à la recherche des insectes aquatiques et surtout des *taons*. Vous connaissez tous ces insectes, qui sont la terreur des bœufs et des chevaux pendant les grandes chaleurs de l'été.

Ces pauvres animaux sont quelquefois tellement incommodés de leurs piqûres, qu'ils en deviennent furieux et qu'il est impossible de les maîtriser.

ALEXIS. — J'ai lu dernièrement dans l'*Almanach des bêtes*

que quelqu'un, se promenant un jour dans la campagne, vit des volées de bergeronnettes s'abattre sur un troupeau d'oies, qui laissaient ces oiseaux se reposer sur elles. Lorsque cette personne s'approchait, les bergeronnettes s'envolaient, mais elles ne tardaient pas à revenir. Cette personne chercha à s'expliquer le fait ; pour cela elle donna elle-même la chasse à une de ces oies, finit par la prendre, et remarqua alors des milliers de petits insectes aquatiques qui se promenaient dans le duvet de son plumage. C'étaient ces insectes que ces oiseaux venaient manger, sans doute, à la grande satisfaction des oies.

Le Maître. — Ce fait n'a rien d'étonnant, et prouve simplement la vérité de ce que j'ai dit des goûts de la bergeronnette.

Alexis. — J'ai lu aussi, Monsieur, dans ce même almanach, que vingt bergeronnettes purgeraient de charançons un grenier de blé. Qu'est-ce donc que le charançon?

Le Maître. — Le *charançon*, que l'on nomme aussi la *calandre des blés*, est l'un des insectes les plus nuisibles de notre province. Je ne vous en ai pas parlé, parce que je réservais l'histoire de cet insecte pour terminer l'article de la bergeronnette, dont les trois espèces, grise, jaune et bleue, sont également friandes. Le charançon appartient à l'ordre des *coléoptères*. Ce nom, formé de deux mots grecs : *koléos*, étui, *ptéron*, aile, veut dire : *ailes renfermées dans un étui*. Les coléoptères, en effet, ont 4 ailes, dont les deux supérieures, appelées *élytres*, servent comme d'étui aux deux inférieures. Le plus connu des coléoptères est le hanneton, dont nous parlerons plus tard. Les élytres de ces insectes ne leur servent pas précisément pour voler ; ce sont plutôt des balanciers qui soutiennent, qui dirigent le vol. Les coléoptères sont souvent aussi appelés scarabées. Ils subissent des métamorphoses complètes.

Le charançon multiplie d'une manière effrayante : M. Déjéer, entomologiste célèbre, a constaté qu'un couple de charançons pouvait produire dans une année 23,000 petits. Cet insecte se nourrit presque exclusivement de la graine de notre plante la plus précieuse, le blé. La femelle dépose ses œufs dans un grain. Ces œufs transformés en larves deviennent des vers rongeurs qui ne laissent du grain, leur berceau, qu'une peau excessivement mince, qu'ils perceront lorsque, parvenus à l'état d'insectes parfaits, ils sortiront de leur prison pour aller à leur tour multiplier sur d'autres grains de blé.

Vous comprenez facilement quelle perte peut faire essuyer au cultivateur un insecte aussi nuisible et aussi fécond. Heureusement, la bergeronnette est là pour nous sauver de la famine.

Charles. — Devenu insecte parfait, le charançon vit-il longtemps, et est-il nuisible ?

Le Maître. — Non, mon enfant. Le charançon, arrivé à sa dernière forme, ne mange pas ; le mâle ne vit même que quelques jours. Quant à la femelle, sa vie a une durée plus longue, parce qu'elle a une autre mission à accomplir : sa ponte, qui, quelquefois, est assez longue. Il se présente, à ce sujet, un fait assez curieux : lorsque après être sortie de sa dernière métamorphose, la femelle ne trouve pas de grains où déposer ses œufs, elle se choisit une retraite sûre, à l'abri de tout danger, et se laisse aller à une sorte de sommeil profond. Parfois ce sommeil est la mort ; d'autres fois il est suivi d'un réveil qui doit être suivi lui-même d'un étonnement bizarre, occasionné par l'odeur du blé. Alors cette femelle, en-

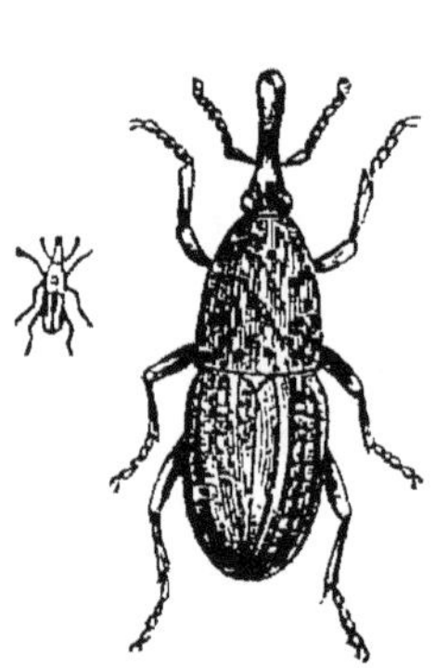

Charançon du blé (très-grossi).

gourdie, renaît à elle-même, dépose ses œufs, accomplit sa mission et meurt.

JOSEPH. — L'homme n'a-t-il que la bergeronnette pour le débarrasser des ravages du charançon ?

LE MAÎTRE. — Il a encore les moyens que lui donnent la science et l'observation. Le charançon aime la tranquillité. En remuant souvent le blé en tas, on le fait fuir, et l'on peut ainsi s'en débarrasser. Mais voici des moyens plus efficaces.

Le charançon aime aussi la chaleur. Il suffit, pour l'attirer, de couvrir d'une peau de mouton le blé attaqué de l'insecte, et le charançon va se loger dans la laine. Le lendemain matin on secoue cette peau, et les poules font un copieux régal. Ou bien encore, on suspend dans le grenier à blé du chanvre, des feuilles de noyer ou des plantes à odeur forte; cette odeur chasse l'insecte.

Si tous ces moyens ne suffisaient pas, on aurait recours à celui-ci, qui est infaillible et qui a été publié dans les *Annales de l'Agriculture*, par M. Brassart, agronome et savant distingué. On fait chauffer un demi-litre de goudron minéral, liquide, et, dès son ébullition, on le dépose dans l'endroit envahi par les charançons, qui sont immédiatement chassés par l'odeur que répand l'évaporation de ce goudron.

Malgré cela, mes enfants, la bergeronnette n'en sera pas moins pour nous, non-seulement une des beautés de la nature, mais encore un des auxiliaires les plus désintéressés du cultivateur...

Avant de terminer notre seconde causerie, je vais vous donner, ainsi que je vous l'ai dit à notre précédente réunion, le programme de nos études sur les oiseaux. Prenez-en note, afin que je ne sois pas obligé de vous le rappeler plus tard.

Nous avons déjà vu l'alouette; nous venons de parler

du bec-croisé, du bec-figue et de la bergeronnette. A notre prochaine causerie, nous verrons le bouvreuil, le bruant, la buse et la caille.

A la suivante, nous parlerons du chardonneret, de la chouette, du corbeau, du coucou et de l'étourneau.

Nous étudierons ainsi, et successivement, en suivant l'ordre alphabétique : la fauvette, le geai, le grimpereau, la grive, le gros-bec, l'hirondelle, la huppe, la lavandière, le linot, le loriot, le martin-pêcheur, le merle, la mésange, le moineau, le motteux, la perdrix, la pie, le pinson, le pivert, le pouillot, le roitelet, ce chantre des bois tant vanté par les poëtes, le rossignol, le rossignol de muraille, le rouge-gorge, le rouge-queue, la sittelle, le tarier, le tarin, le torcol, la tourterelle, le traquet, le troglodyte, que l'on confond souvent avec le roitelet, le vanneau et, enfin, le verdier, qui terminera nos causeries.

Charles. — Et les insectes, Monsieur ?

Le Maître. — Ce sont les oiseaux eux-mêmes qui nous guideront pour parler des insectes.

Maintenant, mes enfants, que vous savez quels sont les oiseaux qui feront l'objet de nos études et dans quel ordre nous nous occuperons de ces intéressantes créatures, il vous sera facile de préparer nos leçons, et chacun de vous pourra apporter, comme je vous le disais à notre précédente réunion, et apportera, je l'espère, à chacune de nos causeries, sa petite quote-part de connaissances et de réflexions.

TROISIÈME CAUSERIE.

LE BOUVREUIL.

LA CHENILLE PROCESSIONNAIRE. — LES ŒSTRES. — LE BUPRESTE.
TOURNIS DES MOUTONS. — LÉGENDE.

LE MAÎTRE. — Le bouvreuil est un oiseau d'une beauté remarquable. Mais on le connaît très-peu dans le canton.

L'un des premiers jeudis de printemps, nous irons ensemble nous promener au bois de Bride, nous nous asseoirons à l'ombre d'un chêne, et nous écouterons. Pour peu que nous ayons de bonheur, d'oreille et de patience, nous entendrons bientôt à quelques pas de nous, dans un buisson, un gazouillement inconnu, bizarre, original, qui ressemble à une scène de ventriloquie exécutée par un oiseau : c'est le gazouillement du bouvreuil. Cet oiseau a des airs de famille avec le perroquet; il semble parfois réfléchir, et pourtant il n'a qu'une intelligence ordinaire. L'attachement que le mâle et la femelle ont l'un pour l'autre est sans exemple : si l'un des deux vient à mourir, l'autre ne lui survit que de quelques jours, et se laisse lui-même mourir de regret.

Bouvreuil.

En automne et en hiver, il se nourrit des baies du

troëne, que vous appelez fraisillon. Au printemps et en été, il poursuit les parasites du gros bétail, et paraît avoir un goût tout particulier pour la chenille dite *processionnaire*, et pour l'espèce du taon appelée *œstre*. Y a-t-il quelqu'un parmi vous qui pourrait nous faire connaître en quelques mots ces deux insectes ?

CHARLES. — Moi, Monsieur. Les chenilles processionnaires ou évolutionnaires ont été ainsi nommées, parce qu'elles vivent en société et vont toutes ensemble, et dans un ordre parfait, à la recherche de leur nourriture. Elles sont d'une taille moyenne, de couleur presque noire, couvertes sur le dos de poils blanchâtres et assez longs. C'est la nuit seulement qu'elles voyagent, et, en quelques jours, elles dépouillent un grand chêne de ses feuilles. Quand le terme de leur vie de chenille est arrivé, elles filent une sorte de toile où elles s'enferment toutes ensemble ; c'est cette toile que l'on prend quelquefois pour des bosses d'arbre.

Il est très-dangereux de toucher ces chenilles : leurs poils occasionnent de fortes démangeaisons et quelquefois la fièvre.

Les *œstres* sont ces grosses mouches dont la piqûre rend les chevaux et les bœufs si furieux. Ces insectes déposent leurs œufs, un à un, sous la peau de l'animal, qu'ils percent à l'aide d'une sorte de tarière dont ils sont pourvus, en choisissant toujours les endroits qu'il peut lécher, comme le dedans des jambes ou les côtes. L'animal, impatienté des chatouillements que lui occasionnent ces blessures, se lèche, détache les œufs

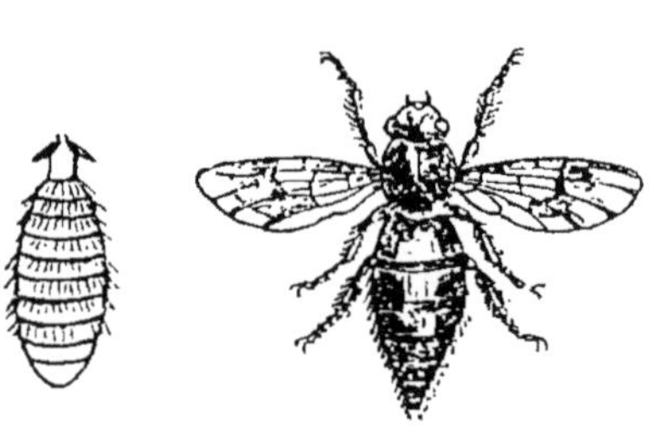

Œstre du cheval et sa larve.

et les avale. Ces œufs stationnent dans l'estomac où ils se changent en nymphes. Celles-ci se laissent entraîner avec les excréments, et, au contact de l'air, elles subissent leur dernière métamorphose et deviennent des mouches.

Alexis. — Est-ce bien vrai, Monsieur, ce que Charles vient de dire des chenilles ? Je ne leur connaissais pas autant d'intelligence.

Le Maître. — Oui, mon enfant, et Charles aurait pu ajouter que, dans leurs courses aventureuses, elles suivent toujours une ligne réglée, et sont toujours guidées par un chef qui tâte le terrain et règle la marche. Ce chef est suivi immédiatement de deux chenilles, qui le sont elles-mêmes de trois, ainsi de suite. Cet ordre varie suivant les circonstances et les lieux ; mais il est toujours régulier, quoique cette petite armée se compose quelquefois de six à sept cents individus. Quant aux démangeaisons que produit leur contact et même le contact de leurs nids, on les guérit avec du jus de persil.

Ces chenilles donnent un papillon diurne, d'un gris terne.

La chenille processionnaire est également détruite par un autre insecte coléoptère appelé *bupreste*, nom formé de deux mots grecs qui signifient : *faire crever les bœufs*, parce que l'on prétend que lorsque les bœufs en ont mangé, ils enflent et meurent. Aussi rencontre-t-on souvent des larves de bupreste dans le nid des chenilles processionnaires ; ces larves dévorent les chenilles, qui n'ont que la fuite pour moyen de défense.

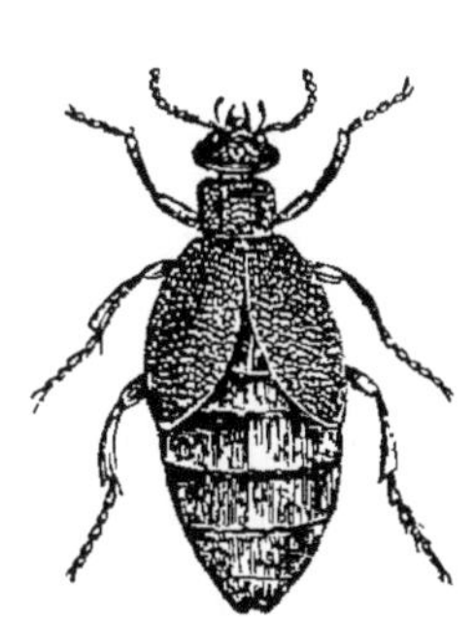

Bupreste.

Émile. — N'y a-t-il pas, Monsieur, plusieurs sortes d'œstres ? Je crois avoir lu dans un volume de votre bibliothèque qu'il y en a une espèce qui occasionne le tournis aux moutons, et qu'on nomme, pour cela, *œstre du mouton*.

Le Maître. — Cela est vrai encore, et c'est pour saisir cet insecte que l'on voit parfois le bouvreuil suivre les troupeaux de moutons. Le tournis est une maladie des plus meurtrières, et les animaux qui en sont atteints semblent comme fous ; ils tournent sur eux-mêmes, tombent et meurent dans des convulsions effrayantes. Souvent les causes de cette maladie nous échappent ; mais souvent aussi elle provient des œstres, qui déposent leurs œufs dans les naseaux des moutons, et, par là, leur font ressentir des douleurs qui amènent presque toujours la mort. Le tournis est un véritable fléau, qui détruit quelquefois des troupeaux entiers.

Émile. — Connaît-on quelques remèdes à ce mal terrible ?

Le Maître. — On en a essayé beaucoup, plus ou moins efficaces ; mais je vais vous en indiquer un bien simple et presque infaillible, que le hasard a fait découvrir à un éleveur en 1861.

Il consiste à donner pour litière aux moutons un mélange de buis et de genièvre. L'odeur forte de ces deux plantes chasse au loin les œstres, qui sont ainsi forcés d'aller déposer leurs œufs ailleurs.

Joseph. —Mais, Monsieur, pourquoi donc Dieu, qui est si bon, a-t-il créé tant d'insectes nuisibles à nos récoltes?

Le Maître. — Il ne me serait pas possible, mon enfant, de vous donner une réponse précise, parce que les vues de Dieu, à ce sujet, nous sont encore cachées: Je me contenterai donc de vous conter une petite légende de Hang, poëte allemand, que j'ai lue dans un vieux livre ayant appartenu à mon grand-père, et que le hasard m'a mis sous la main, il y a quelques jours.

Le saint roi David, cet homme selon le cœur de Dieu et qui avait été choisi pour succéder à Saül, importuné par les mouches en traversant une forêt, se plaignait amèrement et trouvait étrange que le Seigneur eût créé tant d'insectes nuisibles.

Au même instant, il entendit dans les nues une voix qui lui dit : « Pourquoi ces plaintes, ô mon fils David ? je te ferai comprendre... » David, à ces paroles, s'humilia et demanda pardon à Dieu. Quelques jours après, le fils d'Isaïe, descendant le mont Hachila, s'aventura dans le camp de Saül, pénétra dans sa tente et parvint à lui dérober ses armes et sa coupe, non pas pour s'en emparer; mais pour montrer au roi qu'il n'aurait tenu qu'à lui de lui ôter la vie. Mais au moment de se retirer, son pied se trouva embarrassé dans ceux d'Abner, qui reposait près de Saül. Il demeura quelque temps immobile, dans une angoisse terrible, n'osant faire un mouvement. Dieu permit alors qu'une mouche vînt piquer légèrement Abner, qui dérangea ses pieds sans cesser de dormir. David put ainsi s'éloigner. Il rendit grâces à Dieu.

L'année suivante, David encore, fuyant devant Saül, fut obligé de se réfugier dans une caverne pour échapper à son implacable ennemi. A peine y reposait-il, qu'une araignée vint filer sa toile devant l'étroite ouverture de cet asile.

Saül passa bientôt : « S'il était entré ici, dit-il, cette toile serait rompue, » et il poursuivit son chemin.

David se prosterna dans la poussière... « Tu m'as promptement éclairé, Seigneur, s'écria-t-il ; jamais le moindre doute ne s'élèvera dans mon âme; oui, les araignées et les mouches elles-mêmes sont utiles sur la terre ; ce que tu dis est bien, ce que tu fais est juste... »

LE BRUANT.

LA GUÊPE.

Armé d'un bec formidable, doué d'une force prodigieuse et d'un vol rapide, le bruant aurait pu être la terreur des petits oiseaux; il a mieux aimé en être l'ami. Pareil à ces hercules qui s'amusent à jouer avec les enfants, c'est une de ces natures d'une douceur parfaite; c'est un de ces aimables caractères qui sont bons, parce qu'ils sont forts et qu'ils frémissent eux-mêmes d'épouvante à la pensée du mal qu'ils pourraient faire.

En Lorraine, on en distingue deux espèces :

Le *bruant* proprement dit, ou *rutan*, qui habite les bosquets et les forêts. Il se nourrit de chenilles, de larves d'insectes et surtout de la *guêpe*, qui compte parmi les hyménoptères. — Émile, parlez-nous un peu de la guêpe ; vous qui courez toujours les bois, vous devez la connaître.

Bruant.

ÉMILE. — Je la connais d'autant mieux que j'en ai été piqué plus d'une fois, et que je la déteste de tout mon cœur.

LE MAÎTRE. — Alors, indiquez-nous d'abord quels moyens vous avez employés pour neutraliser l'effet de ses piqûres.

ÉMILE. — Le remède est très-simple et se trouve partout. Il suffit d'appliquer immédiatement sur la partie malade une feuille de plantin, que l'on a eu soin de broyer entre les doigts, afin d'en faire sortir le jus. Ce jus est un véritable contre-poison.

Le Maître. — Le plantin est excellent, en effet, pour calmer la douleur, et il a le mérite incontestable, ainsi que vous l'avez dit, de se trouver partout ; mais il n'arrête pas l'enflure. Aussi, une fois rentré chez soi, doit-on panser la blessure avec un peu d'eau mêlée à quelques gouttes d'ammoniaque liquide. Deux heures après ce pansement, on est à peu près guéri.

Continuez.

Émile. — La guêpe je l'ai déjà dit, est nuisible, par ses piqûres. Elle l'est bien plus encore par les ravages qu'elle fait dans nos jardins en automne, car elle est très-friande, et semble ne vouloir se nourrir, à cette époque de l'année, que de nos fruits les plus doux, comme la mirabelle et le raisin. Quelquefois elle détruit des treilles entières, ne laissant du raisin que la pellicule. En été, avant que les fruits soient mûrs, elle pénètre dans la boutique du boucher, suce le sang et emporte même de petits morceaux de viande. J'en ai vu bien souvent aussi fondre sur des abeilles, leur arracher la tête et les dévorer ensuite. Je crois donc que la guêpe est un de nos insectes les plus nuisibles, et que le bruant nous sert en en faisant son ordinaire.

Le Maître. — La deuxième espèce est le *bruant des prés*, ou le *proyer*. Il habite les prairies et vit des milliers de petits insectes qui voltigent à la surface du sol et s'attachent à la pointe des hautes herbes. Quand tous ces insectes ont disparu, il a recours aux graines des herbes parasites, comme le chardon, le coquelicot.

Que le bruant soit donc regardé par nous comme un de nos serviteurs les plus dévoués.

LA BUSE.

LES INSECTES LUMINEUX. — LA MER LUMINEUSE.

C'est en ces termes que le *Bulletin de la Société protectrice des animaux* (n° de décembre 18 3) parle de la buse :

« De tous les oiseaux de proie, c'est la buse qui pousse le plus loin le sentiment de la maternité. Elle est si bien faite pour la famille, elle aime tant les enfants que, faute des siens, elle est capable d'adopter et d'élever ceux des autres. Le *Magasin pittoresque* en cite un curieux exemple observé dans la ville d'Uxbridge, en Angleterre, sur une buse qui vivait en captivité. D'abord honteuse, elle réprima ses instincts, mais peu à peu, se familiarisant, devenant plus hardie, elle se laissa aller à manifester le désir d'être mère. Elle ramassait tous les brins de bois qu'elle pouvait trouver et s'évertuait à en faire quelque chose qui ressemblât à un nid. Son maître la comprit et eut pitié d'elle. Il lui fournit des baguettes, des brindilles, tous les matériaux qui pouvaient lui convenir. L'oiseau se mit aussitôt à l'œuvre et acheva un nid fort bien conditionné. On lui donna deux œufs de poule; elle les accepta bravement, les couva et éleva les poussins comme la meilleure des poules eût pu le faire. Chaque année régulièrement, elle couvait et faisait éclore une bande de poulets. En 1831, sa couvée se composait d'une troupe de dix petits. Une fois son maître, croyant lui rendre service en lui épargnant l'incubation, plaça dans le nid des poussins nouvellement éclos; mais elle les tua tous. Elle traita ces poussins tout venus comme des intrus et des imposteurs, tandis que jamais poule de ferme ne fut plus soigneuse des poussins éclos par ses soins. Seulement, quand on lui apportait de la viande et qu'elle la déchirait pour la distribuer à sa famille adoptive, elle paraissait mortifiée de voir qu'après quelques becquées prises dans cette viande, ses poussins l'abandonnaient pour courir après le grain qu'on leur jetait. »

C'est là un bien beau trait pour un oiseau de proie.

On accuse parfois la buse de dérober des poussins, des oiseaux ; ce sont des accusations absurdes : elle ne se

Buse.

nourrit que de souris, de rats et de mulots. Elle en fait une consommation énorme. Un naturaliste a compté 4,000 de ces animaux détruits par une buse dans le courant d'une année. De quels dégâts nos récoltes sont préservées par la disparition de ces 4,000 individus !

Je pourrais ajouter encore qu'au printemps, lors des premiers labours, on la voit souvent retourner la terre fraîchement remuée, pour y saisir ces petits reptiles innocents, vulgairement nommés vers de terre, mais que les savants appellent *lombrics*.

Alexis. — Je ne sais, Monsieur, si je me trompe ; mais je crois me rappeler avoir lu, je ne sais plus où, par exemple, que le lombric, que vous appelez ver de terre, n'est autre chose que le ver luisant.

Émile, *en riant*. — Oh ! bien certainement tu te trompes, car tu confonds le lombric avec le lampyre.

Alexis. — C'est très-juste, je me rappelle le nom maintenant.

Le Maître. — Alors vous devez aussi un peu vous rappeler ce que vous avez lu ?

Alexis. — Pas très-bien ; mais je dirai ce que je sais.

Le *lampyre* donc, cette fois, ou *ver luisant*, a reçu ce dernier nom à cause de la lumière qu'il répand pendant la nuit.

Il appartient à l'ordre des.....

Le Maître. — Coléoptères ; mais le mâle seul a des ailes.

Alexis, *en riant*. — Vous dites précisément, Monsieur, ce que je savais.

Le Maître. — Répétez alors.

Alexis, *en riant*. — Le mâle seul a des ailes, et j'ajouterai qu'il n'est pas lumineux ; on le trouve rarement. La femelle, au contraire, qui n'a point d'ailes, mais qui est lumineuse par compensation, se rencontre assez souvent pendant les nuits chaudes de l'été. Quant à la cause de cette lumière naturelle, je crois qu'on ne la connaît pas encore.

Lampyre femelle.

Le Maître. — Non ; cette cause est encore un mystère pour la science. Cependant on est porté à croire que cet éclat lumineux dépend d'une matière phosphorique qui se trouve à l'extrémité postérieure de l'insecte ; car cette matière reste encore lumineuse pendant un certain temps, après la mort de celui-ci.

Émile. — Le lampyre subit-il des métamorphoses ?

LE MAÎTRE. — Oui ; mais elles n'offrent rien de particulier. Il se change d'abord en nymphe, en se dépouillant de sa première peau ; puis, après environ quinze jours passés en cet état, il se retire de sa peau de nymphe et devient le véritable ver luisant.

Il ne vit que quelques jours seulement.

ÉMILE. — Le phénomène que l'on appelle *mer lumineuse* n'est-il pas dû à une espèce de ver luisant aquatique ?

LE MAÎTRE. — On le croit généralement. Souvent, dans les belles nuits d'été, la mer brille, étincelle sous les coups des rames ; les marins ont alors un spectacle unique dans le monde : ce sont de petits vers luisants, d'une consistance molle, qui nagent et s'attachent aux herbes marines et à la mousse, et forment des légions innombrables qui produisent ce phénomène dont s'amusent les pauvres marins dans leurs courses souvent si longues, si monotones, parfois si périlleuses.

Mais ces insectes phosphoriques ont été peu étudiés jusqu'ici ; celui que l'on connaît le mieux est appelé *scolopendre de mer* ou *marine*. On rencontre fréquemment la scolopendre sur les côtes de Malabar et aux îles Maldives. Elle est plus ou moins lumineuse, selon son caprice du moment. Quelquefois tout son corps, excepté sa tête, est transparent, et il en sort des jets d'une lumière bleuâtre d'une richesse sans égale. La matière phosphorique paraît ici encore avoir son siége à la partie postérieure de l'insecte ; mais elle est d'une autre nature que chez le lampyre : elle ne se mêle pas avec l'eau et s'y forme en petites bulles.

La scolopendre ne vit pas dans l'eau douce : y séjourner quelques secondes seulement suffirait pour la faire périr.

Ce serait là un long sujet à traiter. Nous y reviendrons en étudiant les merveilles de la nature ; alors je vous lirai les observations des savants sur ces phénomènes.

Émile. — Sont-ce là, Monsieur, les seuls insectes qui produisent de la lumière ? N'y en a-t-il pas encore un très-remarquable, appelé le porte-lanterne ?

Le Maître. — Ces questions, mes enfants, nous écartent beaucoup de nos oiseaux; mais puisque ce sujet paraît vous intéresser tous, je vais vous dire quelques mots sur chacun des insectes lumineux connus aujourd'hui.

Je commence par le *porte-lanterne*, que l'on appelle aussi *grande mouche-lanterne*, mais dont le véritable nom est *fulgore*. Il fait partie de l'ordre des *hémiptères*, ainsi nommés, de deux mots grecs qui signifient *demi-ailes*, parce qu'ils ont, comme la sauterelle, des ailes demi-coriacées et demi-membraneuses.

Le porte-lanterne appartient à l'Amérique méridionale, et on le trouve fréquemment à Cayenne. Il a de huit à dix centimètres de longueur. Son front, gonflé comme une vessie, ressemble assez à une lanterne, et pendant l'obscurité de la nuit, il brille d'un tel éclat phosphorique qu'on peut lire à la lumière qu'il répand. Le porte lanterne est du reste d'une éclatante beauté, et on le regarde généralement comme l'un des insectes les plus remarquables. On l'a confondu assez souvent avec un autre insecte qui a les mêmes propriétés phosphoriques, mais qui en diffère essentiellement par les formes extérieures. Cet insecte lumineux se nomme *acudia*, aux grandes Indes, et *cucuju* ou *cocojus* en Amérique. C'est un coléoptère de la longueur et de la grosseur du petit doigt. Pendant la nuit, en volant, il répand une grande clarté : au soleil, son corps paraît terne et sans reflet.

Contrairement aux autres insectes phosphoriques que nous avons vus jusqu'ici, le cucuju paraît être lumineux dans toutes ses parties, et si l'on se frotte avec l'humeur luisante qui suinte de son corps, la partie imprégnée de cette humeur semble toute resplendissante de lumière, mais pendant quelques secondes seulement.

On a raconté qu'autrefois les Indiens se servaient de cet insecte pour éclairer leurs appartements, et que, dans leurs courses aventureuses et nocturnes, ils s'en attachaient un à chaque pied et en portaient un troisième à la main pour éclairer leur route. On a dit également que le cucuju avait été mis par eux au rang des génies bienfaisants, envoyés par le Créateur pour dévorer les moustiques, ce fléau du Nouveau-Monde. Et, en effet, le cucuju détruit un nombre considérable de ces insectes, dont il fait sa nourriture.

Des grandes Indes, transportons-nous par la pensée en Afrique, dans l'île de Madagascar. Là, nous allons trouver encore un insecte jouissant de la même propriété bizarre, et que l'on ne connaît que sous le nom vulgaire de *mouche luisante*. C'est un coléoptère de la famille des cerfs-volants, que vous connaissez, et que nous étudierons à leur tour. La mouche luisante remplit les grandes forêts de l'île, et pénètre dans les maisons comme notre mouche commune. Quelquefois, en été, lorsqu'un certain nombre de ces insectes se sont réunis dans un appartement, ils y produisent une illumination magique : les lambris paraissent être parsemés d'étoiles brillantes comme des diamants. Étant réunis dans des forêts, ils font paraître celles-ci tout en feu, et le voyageur ignorant reste stupéfait, tout haletant d'une émotion inconnue devant ce féerique tableau, qui lui rappelle les forêts enchantées des *Mille et une Nuits*.

De l'Afrique, passons à l'Italie, où nous retrouverons la mouche luisante connue sous les noms de *bête à feu* et de *lucciola*. La mouche luisante d'Italie est petite comme une abeille et offre cette particularité : c'est par le ventre, qui est grisâtre, qu'elle donne de la lumière. Cette lumière est vive et assez brillante pour que l'on puisse distinguer, la nuit, les caractères d'imprimerie les plus fins. De plus, elle est intermittente; c'est-à-dire qu'elle s'éteint, puis reparaît, pour s'éteindre et reparaître encore, suivant les mouvements de l'insecte. Ces mouches voltigent dans l'air, le soir, après des journées d'orage; elles ressemblent alors à des étoiles capricieuses, scintillantes, d'un beau bleu verdâtre.

Enfin, mes enfants, pour terminer, nous allons retourner aux chaudes régions de l'Amérique du sud; c'est le pays des merveilles naturelles. Là encore c'est un coléoptère que nous allons trouver : le *taupin cataphagus*, que l'on appelle vulgairement *escarbot-sauterelle*, *maréchal*, ou plus souvent *scarabée à ressort*, parce que lorsqu'on le couche sur le dos, au moyen d'une pointe longue qu'il a sous le ventre et qui fait l'effet de ressort, il s'élance en l'air et retombe sur ses pieds.

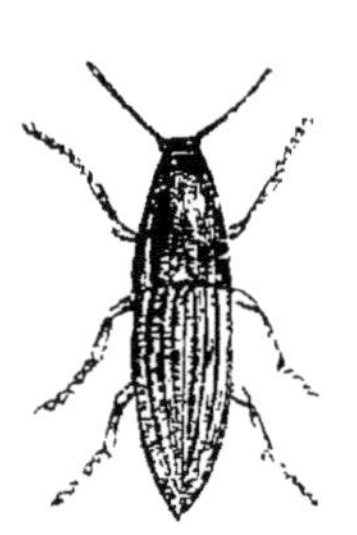

Taupin

En Amérique, le taupin est un bijou de luxe : les femmes le placent comme ornement dans leurs cheveux; là, plus que partout ailleurs, ils semble un diamant.

Le taupin dépose ses œufs dans les vieux arbres pourris, et sa larve y subit toutes ses métamorphoses.

Émile. — Encore une question, s'il vous plaît, Monsieur? A-t-on découvert l'usage que peuvent faire de leur lumière les insectes lumineux?

Le Maître. — On a fait une foule de suppositions dont une partie sont tombées devant l'observation. Cependant les savants croient généralement que cette lumière attire les cousins et les papillons crépusculaires dont l'insecte phosphorique se nourrit. C'est là une explication qui n'a pas encore la sanction de l'expérience, mais qui, cependant, est fort admissible ; vous le comprendrez en vous rappelant combien vous avez vu de pauvres petits papillons crépusculaires venir se brûler les ailes au feu de votre bougie.

La buse nous a conduits bien loin, mes enfants...

Alexis. — Ce sont là, Monsieur, des voyages d'agrément.

Le Maître. — Eh bien, que la buse reste donc de nos amies ; qu'elle ait notre protection pour le bien qu'elle nous fait et notre reconnaissance pour le plaisir qu'elle nous a donné.

LA CAILLE.

JUGEMENT DE L'ARÉOPAGE.

En Lorraine, on dit d'une personne qui répète toujours la même chose, qu'elle est ennuyeuse comme une caille. Le chant de la caille n'a, en effet, rien de bien mélodieux ; mais il rappelle la campagne, le printemps et ses charmes, et je n'ai jamais pu l'entendre sans me reporter avec attendrissement vers les belles années de mon enfance, où, sans regret du passé, sans souci de l'avenir, je parcourais avec tant d'amis que je n'ai plus revus, les champs, les prairies et les bois, à la recherche des papillons, des oiseaux et des fleurs.

La caille est un oiseau de passage ; elle arrive dans nos champs et nos prés vers la fin d'avril, et nous quitte en octobre.

Joseph. — Est-ce vrai, Monsieur, ce que disent les gens de la campagne : ils prétendent que la caille, par le plus ou moins grand nombre de reprises de son chant, annonce la plus ou moins grande abondance des récoltes de l'année ?

Le Maître. — C'est là encore, mon enfant, une des mille erreurs qui ont créance parmi les ignorants. Il en est des cailles comme des hommes : les unes ont l'haleine très-longue, les autres l'ont très-courte. Voilà le secret de cette différence de longueur de leur chant.

Charles. — Moi, j'ai lu dans un livre de mon père que l'aréopage d'Athènes, alors le tribunal le plus célèbre du monde entier, avait un jour condamné à mort un enfant qui s'était amusé à crever les yeux à des cailles. J'ai trouvé ce jugement bien sévère.

Le Maître. — Et cependant, mon enfant, l'aréopage, à l'époque où il a rendu ce jugement, qui a eu du retentissement dans toute la Grèce, était composé des hommes, non-seulement les plus sages, mais encore les plus modérés, parmi lesquels l'histoire cite saint Denys, dit l'Aréopagite, évêque d'Athènes, mort martyr dans cette ville, l'an 95, après avoir été converti au christianisme par saint Paul !

Non, mes enfants, ce jugement n'est pas aussi sévère qu'il le paraît au premier abord. L'aréopage, en appliquant la peine capitale, n'a pas eu pour but seulement de punir l'acte en lui-même : son but a été aussi et surtout de punir la froide cruauté du coupable, et de purger en même temps la société d'un être qui pouvait un jour lui être nuisible : car un enfant qui se fait un divertissement des souffrances d'un oiseau, ne peut manquer de devenir tôt ou tard un criminel !

A ce propos, mes enfants, je vous rappellerai ce que je vous ai dit bien des fois déjà, et que je ne cesserai de vous répéter. Ne perdez jamais de vue cette sentence que j'ai affichée dans notre classe, et qui était déjà connue des

Grecs, puisqu'ils en ont fait l'application dans cette circonstance : « Entre celui qui frappe son semblable et celui qui tourmente un oiseau, il n'y a de différence que la victime. » Que cette sentence, mes enfants, soit toujours présente à votre esprit et vous serve constamment de règle conduite...

La caille ne passe que l'été dans nos campagnes. Sa nourriture se compose de graines tombées à terre, puisqu'elle ne peut se percher, et de ces quelques petits vers et araignées qui courent à la surface du sol. En somme, c'est un oiseau qui embellit nos promenades du printemps. Aimons-le ; car il contribue par là à entretenir dans nos cœurs les sentiments de reconnaissance que nous devons au Créateur de toutes choses.

QUATRIÈME CAUSERIE

LE CHARDONNERET.

LE XÉRÈNE DU GROSEILLIER. — ANECDOTES.

LE MAÎTRE. — Mes enfants, avez-vous vu, l'automne dernier, ces bandes joyeuses de charmants petits oiseaux à tête rouge bordée de noir, aux ailes tachetées d'un si beau jaune ? Les avez-vous vus, légers et capricieux, sautiller, voleter dans la campagne, courir de chardon en chardon ?... Avez-vous entendu leurs petites voix si souples, si douces si expressives ? C'étaient des chardonnerets, les seuls de nos oiseaux qui, à la plus éclatante beauté, unissent les talents les plus rares et les plus précieux, et que, ingrats que nous sommes, nous regardons avec dédain, parce qu'ils ne nous arrivent pas ou de l'Afrique, ou de l'Amérique, ou des Indes.

Chardonneret.

La principale nourriture de cet oiseau, ainsi que son nom l'indique, est la graine du chardon. Il empêche donc par là la multiplication de cette plante, qui est parfois le désespoir du cultivateur, lorsqu'elle envahit ses champs de blé ou d'avoine.

Mais avant que le chardon soit arrivé à maturité, le

chardonneret fait comme ses confrères à bec fin, il a recours aux insectes, aux mouches et aux chenilles. Il a surtout une préférence marquée pour un petit insecte, qui n'a point de nom vulgaire et que les natutralistes appellent *xérène* ou *zérène* du groseillier; ce nom est tiré du grec et signifie littéralement *qui dessèche*.

Charles. — Quel rapport y a-t-il, Monsieur, entre ce nom et l'insecte ?

Le Maître. — Vous avez déjà dû remarquer plus d'une fois, mes enfants, qu'en général les noms donnés en histoire naturelle et empruntés à des langues étrangères, ont une signification qui indique ou des qualités physiques ou des facultés instinctives prédominantes.

Ainsi le xérène, après avoir dévoré les feuilles du groseillier, occasionne à cet arbuste une maladie qui le fait sécher dans l'année. — Vous comprenez, maintenant, Charles, le rapport qu'il y a entre l'insecte et le nom.

Le chardonneret, vous le savez, est l'hôte de nos jardins ; eh bien, c'est au xérène qu'il fait la chasse la plus active. Un jour, un de mes amis et moi, nous avons vu un mâle et une femelle de chardonnerets, qui avaient des petits sur un arbre de mon jardin, venir chercher 90 fois dans une heure la becquée sur un groseillier, à moitié dépouillé par cet insecte. Mettons 12 heures par jour, nous trouverons que la couvée de chardonnerets a dû manger dans ses quinze jours environ 32,400 xérènes.

Quels services rendus à nos jardins!...

Charles. — L'année dernière, j'ai lu dans l'*Almanach des bêtes* une aventure bien cruelle arrivée à un malheureux couple de chardonnerets. J'ai été ému jusqu'aux larmes de l'attachement de ces oiseaux pour leurs petits ; si vous le voulez bien, Monsieur, je vous dirai cette aventure?

Le Maître. —Dites, mon enfant ; quoique rien ne m'étonne de la part des oiseaux, je serai heureux d'avoir à enregistrer une nouvelle preuve de leur amour paternel.

CHARLES. — Sur un magnifique pommier placé au milieu d'un immense jardin, deux chardonnerets avaient placé leur nid. Ce nid, caché par le feuillage de l'arbre, avait échappé à tous les regards des dénicheurs, et les petits, déjà couverts de plumes, n'avaient plus que quelques jours à attendre pour pouvoir s'envoler. Aussi, combien les parents étaient heureux de voir leur jeune famille grandir ! Mais voilà qu'au retour d'une course faite pour chercher la pâture à la nichée, la pauvre mère trouve l'ouverture du nid fermée par une pomme, tombée d'une branche supérieure ! Elle appelle ses petits, qui ne répondent pas. A ces cris, le mâle arrive ; il appelle à son tour ; mais les petits sont prisonniers, écrasés peut-être ! Il faut les délivrer. Alors les deux malheureux chardonnerets, sans calculer ni la grandeur du travail ni la faiblesse de leurs ressources, attaquent la pomme à coups de bec, travaillent sans relâche ! Dieu seul sait leurs fatigues, leurs angoisses ! Mais la tâche est trop difficile ! Au mois d'octobre, le jardinier, en cueillant les pommes, trouva les squelettes des jeunes chardonnerets au fond du nid, et la pomme qui les avait emprisonnés, rongée, becquetée partout.

LE MAÎTRE. — C'est là certainement un fait bien touchant et qui vous donne une idée des prodiges que peut enfanter l'amour paternel.

A mon tour, je vais vous en raconter un beaucoup moins triste, et auquel j'ai eu moi-même part. Il vous montrera combien les oiseaux sont sensibles aux bienfaits et combien leur reconnaissance est durable.

Lorsque j'habitais Zarbeling, j'avais à côté de ma salle un petit jardin fruitier, au fond duquel se trouvait une sorte de berceau en charmille, où nichaient tous les ans une demi-douzaine d'oiseaux, tels que pinsons, fauvettes, chardonnerets. Un jour du mois de décembre, les enfants en rentrant en classe, m'apportèrent un chardonneret qu'ils avaient trouvé, mourant de froid, de faim, à terre au pied d'un lilas. En quelques secondes j'eus rappelé à la vie le charmant petit être près de la quitter.

Ce chardonneret était un vieux mâle. Il est resté chez moi tout l'hiver; puis le beau temps revenu, je lui ai rendu sa liberté. Il paraît que c'était un des habitués de mon berceau; car vers le milieu du mois de juin, me promenant au jardin, je le vis tout-à-coup venir à moi, se poser sur un groseillier et paraître chercher mes caresses. Je m'assis sur un petit banc que j'avais adossé au lilas. Alors le chardonneret vint se poser sur mes genoux, se glisser sur ma main. Je regardai autour de moi et j'aperçus son nid à côté de celui d'une fauvette. Je m'en approchai et j'y vis la femelle, qui avait des petits. Voulant voir jusqu'où irait la reconnaissance de l'aimable créature, je revins tous les jours au berceau; tous les jours c'étaient les mêmes caresses, et lorsque les petits purent voler, ce fut bien mieux encore : il venait près de moi, les appelait et semblait les inviter à s'approcher, leur montrant la nourriture que je jetais à terre pour les attirer.

Les oiseaux, vous le voyez, sont non-seulement des modèles de beauté et de grâces, mais ils sont souvent encore supérieurs à beaucoup de gens, par la bonté du cœur, par la tendresse des sentiments.

LA CHOUETTE.

PRÉJUGÉS.

La chouette est un oiseau nocturne. La conformation de ses yeux l'empêche de bien voir pendant le jour. On en compte quatre espèces remarquables : 1° le *hibou* ou *moyen-duc* ; 2° le *chat-huant*; 3° la *petite chevèche*; ces trois premières vivent dans les forêts, d'où elles ne sortent que la nuit pour aller à la recherche de leur proie ; 4° enfin, l'*effraie*, que vous connaissez sour le nom de *chouette des clochers*, parce qu'elle semble affectionner les clochers et les vieilles tours, les vieux édifices en ruines, les rochers abrupts et déserts.

Chouette.

JOSEPH. — Pourquoi donc, Monsieur, n'aime-t-on pas cet oiseau?

LE MAÎTRE. — Justement parce que c'est un oiseau de nuit. Nous sommes toujours portés à nous méfier des gens qui craignent le jour. En cela, nous avons raison ; mais, pour ce qui est des oiseaux de nuit, nous devons faire une exception en faveur des chouettes, qui ne méritent pas du tout la réprobation universelle dont elles sont l'objet. Aussi, lorsque je vais au village, je ne vois jamais sans un serrement de cœur bien douloureux leur corps exposé en trophées aux portes des granges des cultivateurs, dont elles ont été les serviteurs dévoués en faisant, dans leurs greniers, la chasse la plus active aux souris et aux rats, et, dans leurs champs, aux insectes nocturnes et crépusculaires, tels que le bombyx du chêne, qui dévore les feuilles de cet arbre, et le papillon qui provient de la chenille processionnaire dont nous avons déjà parlé, insectes qui, par leur genre de vie, échappent aux poursuites des autres oiseaux insectivores.

Charles. — Est-ce que la voix sinistre de la chouette n'est pas encore pour quelque chose dans la haine que lui vouent les habitants de la campagne?

Le Maître. — Je le croirais très-volontiers. Ces cris lugubres retentissant au milieu de l'obscurité, du silence de la nuit et dans le voisinage des bâtiments en ruines, des cimetières ou des églises, sont réellement de nature à agir fortement sur l'esprit, sur l'imagination de gens craintifs, ignorants, imbus encore de tous les préjugés de leurs ancêtres. — C'est aux hommes éclairés, c'est à nous tous, mes enfants, de combattre ces erreurs, qui parfois peuvent devenir funestes aux malades, dont l'imagination déjà ébranlée par la souffrance, est toute disposée à chercher des causes mystérieuses aux choses les plus naturelles. Que la qualification d'*oiseau de la mort* que lui a donnée la superstition, la peur ou l'ignorance, soit donc pour nous un titre ridicule, bon tout au plus à effrayer les esprits faibles.

Je vous ai dit que la chouette est un serviteur dévoué ; je vais vous citer des chiffres qui vous donneront, de ses services, une idée bien plus exacte que tout ce que l'on peut en dire.

M. le docteur Guyon dit avoir vu une chouette, établie dans une ferme de la Métidja, apporter à son domicile, dans l'espace de vingt-un jours, cent dix petits mammifères, tels que la souris ordinaire, la souris algérienne.

M. Guyon ajoute que, outre cette chasse à l'aventure,

la chouette chassait aussi à la maison, qu'elle l'avait entièrement débarrassée de rats et de souris.

Ainsi, en prenant pour point de départ ces chiffres, d'une exactitude rigoureuse, nous arriverons à deux mille et quelques centaines d'animaux nuisibles dévorés par une seule chouette dans l'espace d'une année. C'est là de l'éloquence mathématique.

Charles. — Je n'ai jamais pu m'expliquer, Monsieur, pourquoi on représente toujours une chouette à côté de Minerve.

Le Maître. — C'est parce que vous ne vous êtes pas donné la peine de chercher. Minerve, chez les païens, était la déesse de la sagesse : on place donc une chouette auprès d'elle, pour nous indiquer que la sagesse veille toujours et ne se laisse jamais surprendre.

J'ai connu dans ma jeunesse un pauvre curé de campagne, savant ignoré, astronome, qui avait fait son observatoire de la vieille tour de son église. Là, il passait les jours les plus heureux de sa vie, en compagnie d'une chouette qui volait à lui aussitôt qu'il s'était placé sur son banc d'observation, et qui dormait perchée sur sa lunette. Est-ce bien là cet oiseau farouche, pour qui on ne trouve de mort assez cruelle que le supplice du crucifiement ?

Les Tartares aussi avaient cet oiseau en grande vénération, et voici ce que dit l'histoire à ce sujet. Gengiskan, après une défaite, s'était couché sous un buisson pour y prendre quelques heures de repos. Une chouette, chassée elle-même de sa retraite, vient se percher sur le buisson qui servait d'asile au célèbre conquérant. Bientôt l'ennemi victorieux arrive, passe sans s'arrêter, ne croyant pas qu'un oiseau nocturne pût se percher au-dessus de la demeure de l'homme, son ennemi. Gengiskan, à son réveil, offrit des sacrifices aux dieux, et ordonna que la chouette fût à l'avenir un oiseau sacré.

LE CORBEAU.

—

GERMANICUS. — CHATEAUBRIAND. — PRÉJUGÉS.

Les mœurs, et peut-être aussi le plumage du corbeau, en ont fait de tout temps un objet d'aversion. Cependant l'observation a démontré qu'il a certaines qualités morales qui doivent le réhabiliter dans l'esprit des gens prévenus. Le mâle et la femelle ont l'un pour l'autre et pour leurs petits une tendresse sans bornes. Ils couvent alternativement leurs œufs et ne se quittent, que lorsque la mort vient frapper l'un d'eux.

Corbeau.

En été, le corbeau n'abandonne les grandes forêts que pour aller à la recherche de sa pâture. On le voit alors parcourir les prés et les champs, gratter la terre de son bec pour y découvrir les gros vers blancs, les insectes et quelquefois les souris. Il s'approche aussi, pendant les moments de pluie, des haies et des buissons, et court dans les sentiers pour y saisir les colimaçons et les limaces, qui font de si grands ravages aux semailles d'hiver et aux pommes de terre.

Enfin, en hiver, on le voit planer dans l'air, à de grandes hauteurs, pour découvrir au loin les voiries infectes, et les charognes pourries, qu'il va ensuite déchiqueter avec l'habileté d'un anatomiste consommé.

Le corbeau, vous le comprenez, malgré ses appétits voraces et la couleur lugubre de son plumage, doit donc être regardé comme un de nos amis les plus désintéressés, puisqu'il nous sert sans rien exiger de nous.

Si les Tartares respectaient la chouette, les Romains, de leur côté, et en une circonstance solennelle, témoignèrent de leur grande estime pour le corbeau. Voici le fait.

Au retour de ses expéditions en Allemagne, Germanicus fut reçu en triomphe à Rome; la joie était générale. Un pauvre barbier, dans l'espoir de rétablir ses finances que les troubles civils avaient fortement endommagées, s'était avisé, dans ses trop longs moments de loisir, de dresser un corbeau qu'il présenta au vainqueur d'Arminius, lors de son entrée triomphale dans la ville éternelle, et qui le salua par ces mots : *Ave, Cæsar, victor imperator.*

Germanicus avait toutes les vertus de sa mère Antonia; il fut touché, non pas de la phrase adulatrice, mais de la figure du pauvre barbier sur laquelle se peignait une espérance inquiète. Il acheta le corbeau, qui acquit une certaine célébrité historique, et à qui l'on apprit ensuite à se percher, tous les matins, sur la tribune aux harangues, et à répéter à l'arrivée de Germanicus, sa première leçon : *Ave, Cæsar, victor imperator.*

Le peuple adorait Germanicus, aussi ayant appris, un matin, qu'un cordonnier des Esquilies avait fait périr l'oiseau favori du prince, la plèbe, sans pitié, se rua sur le coupable, le massacra, et fit des funérailles pompeuses au corbeau.

CHARLES. — Pourquoi donc, Monsieur, le corbeau va-t-il toujours se percher sur les plus hautes branches des arbres, et comment surtout peut-il s'y tenir pendant les moments de pluie et de vent ? Je me suis fait souvent cette question, lorsqu'en hiver j'en voyais sur les peupliers qui bordent nos routes.

Le Maître. — L'explication est bien simple pour quiconque connaît la conformation des pieds des oiseaux qui se perchent. Je vais vous lire, sur ce sujet, une des belles pages de Chateaubriand, qui vaudra mieux que tout ce que je pourrais vous dire.

« Quels ingénieux ressorts font mouvoir les pieds de l'oiseau ! Ce n'est point par un jeu de muscles que détermine sa volonté, qu'il se tient ferme sur la branche : son pied est construit de telle sorte que lorsqu'il vient à être pressé dans le centre ou le talon, les doigts se referment naturellement sur le corps qui les presse. Il résulte de ce mécanisme, que les serres de l'oiseau se collent plus ou moins à l'objet sur lequel il repose, en raison des mouvements plus ou moins rapides de cet objet; car, dans le balancement du rameau, ou c'est le rameau qui repousse le pied, ou c'est le pied qui repousse le rameau ; ce qui, dans les deux cas, oblige les doigts du volatile à se contracter plus fortement. Ainsi, quand nous voyons à l'entrée de la nuit, pendant l'hiver, des corbeaux perchés sur la cime dépouillée de quelque chêne, nous supposons que, toujours veillants, attentifs, ils ne se maintiennent qu'avec des fatigues inouïes au milieu des tourbillons et des nuages; et cependant, insouciants du péril et appelant la tempête, tous les vents leur apportent le sommeil ; l'aquilon les attache lui-même à la branche d'où nous croyons qu'il va les précipiter; et, comme de vieux nochers de qui la couche mobile est suspendue aux mâts agités d'un vaisseau, plus ils sont bercés par les orages, plus ils dorment profondément. »

Charles. — Tout est réellement beau avec les explications de la science.

Émile. — Vous nous avez dit bien souvent, Monsieur,

de ne jamais laisser passer ni une phrase ni un mot, sans en comprendre la portée, et vous avez ajouté plus d'une fois aussi, que la réflexion la plus futile en apparence a pourtant encore sa valeur, parce qu'elle peut en faire naître une foule d'autres auxquelles souvent on ne songeait pas. Si donc vous voulez bien le permettre, je vous ferai une question, qui n'a peut-être pas un rapport direct avec notre sujet, mais qui s'y rattache cependant par un point.

LE MAÎTRE. — Vos questions, mes enfants, me font toujours un plaisir bien vif ; elles me prouvent toute la confiance que vous avez en moi, et dont je me plais à vous remercier ; de plus, elles me sont une garantie de l'attention que vous apportez à nos causeries. Voyons votre question.

ÉMILE. — Je suis obligé de commencer d'un peu loin ; mais cela est nécessaire pour que tout le monde comprenne. Nous nous rappelons parfaitement tous la magnifique promenade que nous avons faite l'automne dernier dans les Vosges.

LE MAÎTRE. — Certainement.

ÉMILE. — Oui ; mais tous ne se rappellent pas, sans doute, quelle est la personne que nous avons rencontrée en sortant de Raon-la-Plaine, et qui a voyagé assez longtemps avec nous.

ALEXIS. — Ah ! si, vraiment ! Nous avons rencontré M. le curé de Raon-la-Plaine, et il nous a accompagnés, en causant avec nous, jusqu'au pied du Donnon ; et je me rappelle même qu'il nous a souhaité beaucoup de plaisir.

LE MAÎTRE. — Eh bien, Émile ?

ÉMILE. — Tout cela est exactement vrai. Mais vous rappelez-vous, Monsieur, qu'au moment où vous avez quitté M. le curé, nous vous devancions de quelques pas ? Vous rappelez-vous encore qu'en vous donnant la main il vous a dit : « Au revoir, Monsieur X***, j'espère que vous allez vous amuser là-haut ; » et il vous montrait le Donnon ; ce à quoi il a ajouté tout bas et en riant, mais j'écoutais et j'ai bien entendu : « Quoique l'on dise que la rencontre d'un corbeau soit d'un mauvais augure. » A cela vous avez répondu, en riant aussi, et en lui serrant de nouveau la main : « Monsieur le curé, la rencontre d'un honnête homme porte toujours bonheur. »

Le Maître. — Je me le rappelle parfaitement ; mais je ne vois pas encore trop votre question.

Émile. — La voici. Je sais bien le préjugé relatif au corbeau ; je sais aussi que de mauvais sujets, des gens qui ne savent pas tout le respect que doivent inspirer les ministres de Dieu, comparent quelquefois le prêtre au corbeau, et je comprends donc la plaisanterie de M. le curé de Raon-la-Plaine. Mais ce que je n'ai jamais pu comprendre, et j'y ai pensé souvent, c'est votre réponse. Vous nous avez trop habitués à discuter, à raisonner et par là à conclure justement, pour que je puisse admettre que vous ayez fait là une simple réponse de politesse, car vous parliez alors à un vieillard, à un saint homme, à un prêtre enfin ; c'est-à-dire à un homme détaché de tout, par son âge et par sa vocation, et pour qui un compliment doit toujours avoir quelque chose de blessant. D'un autre côté, si je donne une autre portée à vos paroles, j'arrive à une absurdité. Car, en supposant que vous ayez donné votre réponse comme une vérité, j'hésite à le dire, mais vous pardonnerez à ma franchise à cause de notre confiance en vous ; eh bien, ce serait aussi un préjugé, car le criminel, comme l'honnête homme, est une créature de Dieu, et le hasard peut nous envoyer l'un ou l'autre, sans que pourtant cette rencontre puisse avoir une influence quelconque sur les actes de notre vie.

Le Maître. — Mon enfant, en histoire naturelle il n'y a pas de hasard, tout est conduit, dirigé par une main habile, et soumis à des lois immuables. Il en est de même dans le monde, et ce que j'ai dit à M. le curé de Raon, je vous le répète : « La rencontre d'un honnête homme porte toujours bonheur ; » et ce n'est pas un préjugé. Je ne prétends pas que les décrets éternels de Dieu seront changés, parce que telle personne ou telle autre se sera trouvée sur notre chemin : il n'arrivera jamais que ce que Dieu, dans son infaillible sagesse, aura ordonné. Mais la vue d'un bon prêtre, d'un saint vieillard, d'un honnête homme enfin, nous inspire toujours, à notre insu, et sans que nous puissions nous en rendre compte, des sentiments de vénération qui prédisposent l'âme au bien... Or, vous savez, mes enfants, que c'est dans la voie du bien, c'est-à-dire dans la pratique de la vertu que l'on trouve le bonheur, le bonheur vrai, et que l'homme vertueux, même au milieu des afflictions les plus profondes, est encore heureux, parce qu'il lui reste les deux plus grands biens qu'il nous soit donné de posséder en ce monde, la tranquillité de la conscience et l'espérance en Dieu.

LE COUCOU.

JENNER.

De tout temps l'histoire du coucou a été enveloppée d'une sorte de mystère, que la science moderne, malgré ses immenses progrès, n'a pu expliquer que d'une manière fort incomplète.

Ce que l'on sait, ce qui est incontestable, c'est que le coucou ne fait point de nid, que la femelle dépose un œuf seulement dans le nid des petits oiseaux à bec fin, et laisse à ces étrangers le soin d'élever sa famille. Mais là s'est arrêtée la science, et Buffon lui-même, avec tout son génie, n'a pu lever qu'à demi ce voile impénétrable. Comme ce n'est pas de l'histoire naturelle que nous faisons, nous laisserons de côté toutes les théories, toutes les hypothèses, toutes les fables qui ont été débitées, et nous ne nous arrêterons qu'aux faits connus de tout le monde.

Il n'est personne peut-être qui n'ait entendu le coucou, mais très-peu de gens l'ont vu, et il n'y a guère que les éleveurs d'oiseaux qui aient observé ses mœurs. Pour mon compte, je n'ai trouvé que deux jeunes coucous au nid; en revanche, j'en ai vu beaucoup d'adultes, et je puis parler savamment de leurs habitudes.

Le coucou a vingt centimètres de longueur, la taille du pigeon à peu près. Chez lui, la couleur qui domine est le gris cendré; cependant, chez quelques individus, c'est le fauve. Il se tient ordinairement dans les bois de haute futaie, quelquefois, mais rarement, dans les taillis. Il ne se laisse pas approcher, et le curieux qui essaie d'arriver à lui guidé par son chant, peut être assuré de le voir toujours s'échapper à la vue. Mais il est un moyen bien simple, et que j'ai employé souvent, pour l'attirer et pour étudier ses mœurs. Il suffit de faire, au pied d'un chêne de forte taille, une sorte de casemate en branches vertes, imitant autant que possible un énorme buisson; de se cacher sous cette loge de verdure, et là de répéter son éternel refrain. Pour peu que l'on donne à sa voix un

Coucou.

son rauque, on verra bientôt venir se percher sur le chêne sous lequel on est placé, non pas plusieurs, mais le seul coucou qui ait choisi ce quartier pour demeure. Alors il faut se taire et observer. Le moindre mouvement, le moindre cri le ferait partir, et il ne reviendrait plus.

C'est par ce moyen que j'ai pu m'assurer que le coucou ne se pose jamais à terre, dans les bois du moins, et que sa nouriture est à peu près celle des oiseaux à bec fin, ce que j'avais deviné du reste, en trouvant, dans des nids de fauvettes babillardes, les deux seuls petits que j'aie vus.

Il arrive souvent au coucou, dans le courant du mois de mai, de sortir des bois pour aller chercher dans les vignes qui en sont rapprochées, ces gros vers blancs qu'on voit sortir de terre après une petite pluie. Mais alors il n'est pas possible de l'approcher. A ce menu il ajoute la grosse chenille velue et vénimeuse, que les autres oiseaux ne peuvent manger et à laquelle nous ne pouvons toucher sans danger. Le seul contact de ces insectes occasionne, en effet, des démangeaisons qui peuvent causer des fièvres très-dangereuses. Pour le coucou seul, la chenille vénimeuse est un mets délicieux.

JOSEPH. — Est-ce vrai, Monsieur, que le jeune coucou détruit les oiseaux avec lesquels il est né ?

LE MAÎTRE. — C'est bien vrai, mon enfant, et c'est là une question qui a longtemps occupé les naturalistes. L'observateur qui, le premier, l'a résolue d'une manière irréfutable, est Jenner, l'auteur d'une découverte bien autrement importante, la vaccine. Il a observé que, quelques heures après sa naissance, le jeune coucou s'agite et cherche à occuper le fond du nid où il se trouve. Une fois arrivé là, il se relève avec précaution, prend un des oisillons, ses compagnons, sur son dos, le soulève et finit par le jeter hors du nid. Il continue cette œuvre de destruction jusqu'à ce qu'il soit seul maître du berceau usurpé.

L'ÉTOURNEAU.

LA LIMACE. — L'ESCARGOT. — LES OISEAUX IMITATEURS.

Le talent de l'imitation, qui suppose nécessairement chez les oiseaux une certaine puissance de mémoire, une oreille délicate et une grande flexibilité de gosier, a été accordé au sansonnet à un degré éminent. Il retient tous les airs avec une facilité étonnante, mais il oublie comme il a retenu. Ainsi, dans une promenade à la grande forêt de Bride, j'ai souvent entendu des étourneaux imiter parfaitement le chant de la grive, probablement parce que dans leurs parages il se trouvait des grives; j'en ai entendu d'autres que l'on aurait pris volontiers pour des merles, tant leur chant en avait l'accent et les modulations.

En 1854, je demeurais dans un tout petit village de la Meurthe, Zarbeling, dont j'ai déjà parlé à l'occasion du chardonneret. Ce hameau est entouré de forêts magnifiques. Comme mes occupations ne prenaient que quelques heures de mes journées, je m'étais avisé d'élever une nichée d'étourneaux. Je n'en ai pu sauver qu'un seul, c'était un mâle, et l'un des privilégiés de l'espèce. Je n'ai jamais trouvé, chez un oiseau, une mémoire semblable à la sienne: il imitait le cri de tous les oiseaux de basse-cour: du dindon, du coq, de la poule, du canard, etc.; seulement c'était l'affaire de quelques minutes. Il semblait tenir du moqueur, et mettait de plus dans ses répétitions un certain air de raillerie, d'ironie piquante qui amusait tous mes voisins. Le pauvre étourneau n'a vécu que deux années, et je l'ai bien regretté.

ÉMILE. — Est-il donc vrai, Monsieur, comme je l'ai lu, qu'il y a des sansonnets qui peuvent prononcer des phrases entières?

Le Maître. — Cela est très-vrai. Il est rapporté dans l'histoire romaine que les deux fils de l'empereur Trajan avaient un sansonnet qui articulait très-distinctement plusieurs phrases en langue grecque. Mais, sans chercher des exemples dans l'histoire ancienne, je pourrais vous citer le sansonnet du commandeur da Gama-Machado. M. Machado est mort il y a trois ans seulement ; c'était un naturaliste distingué, qui parlait très-correctement une demi-douzaine de langues vivantes, et que ses héritiers ont voulu faire passer pour fou, parce qu'il aimait les animaux. Son opinion était que les oiseaux se parlent et se comprennent. Il en avait une collection très-rare. Celui de tous qu'il chérissait le plus était un sansonnet, auquel il avait appris à dire le nom des personnes qui lui étaient chères. Le sansonnet répétait souvent ces noms vénérés, et c'était toujours pour le commandeur un nouveau bonheur. Aussi dans son testament avait-il ordonné que l'oiseau chéri fût enterré avec lui. On s'est beaucoup moqué de cette dernière volonté du commandeur.

Émile. — Et pourquoi cela, Monsieur ?

Le Maître. — Parce que bien de gens ne comprennent pas de quel attachement, de quel dévouement sont capables les animaux. Quant à moi, je ne vois dans cette dernière volonté de M. Machado, qu'une preuve de plus de l'ineffable bonté de son âme ; et, comme l'a très-bien dit M. Léon Duval, dans son habile et éloquent plaidoyer contre les héritiers du commandeur, « une âme bonne est toujours une âme saine. » Je trouve du reste cela beaucoup moins ridicule, que le caprice de ces mourants qui veulent être enterrés avec leurs habits, leur anneau de noce, que sais-je ?

Émile. — Ne croyez-vous pas, comme M. Machado, que les oiseaux se parlent et se comprennent ?

Le Maître. — Si vraiment, mon enfant…

Émile. — Croyez-vous aussi, Monsieur, que les oiseaux pensent, réfléchissent ?

Le Maître. — Du moment que j'admets qu'ils parlent et se comprennent, je dois admettre comme principe qu'ils pensent; car la parole ne doit être que la pensée exprimée par des signes. Cependant il ne faut pas donner à ces mots, *penser, réfléchir*, une portée exagérée, et croire par exemple, comme l'ont cru et écrit certains naturalistes, que les perroquets peuvent soutenir une conversation suivie. Ils ne font jamais que reproduire ce qu'ils ont entendu; seulement il est arrivé quelquefois que des mots, qu'on ne leur avait pas enseignés, ayant été répétés par eux dans de certaines circonstances, ont donné lieu à des quiproquos tellement curieux et risibles, que des gens crédules ont cru voir chez les perroquets la faculté de raisonner.

Ainsi, un paysan fermier se présente un jour chez son seigneur propriétaire pour payer le fermage de ses terres. Le seigneur n'étant pas levé, on introduit le paysan dans un superbe salon, au milieu duquel se trouvait un magnifique ara sur son perchoir. Le paysan, qui n'avait jamais vu que les pierrots et les pinsons de son jardin, tout surpris de cette éblouissante beauté, tourne tout autour de l'ara, pour voir sous toutes leurs faces et dans toutes leurs splendeurs, les richesses de l'oiseau. Le perroquet, fatigué de ces investigations indiscrètes, jette tout à coup, comme dans un moment d'indignation, à la face du curieux ébahi, ces mots terribles : « Veux-tu t'en aller, manant. » Le paysan cette fois ne sait plus quelle contenance tenir ; il ôte son casque à mèche : « Pardon, mon beau monsieur, dit-il, je vous avions pris pour un oiseau. »

Les Enfants, *riant aux éclats*. — C'est au moins un conte, cela, Monsieur?

Le Maître. — Oh ! quant à cela, je ne vous en garantis pas la véracité. Cependant, il n'y aurait rien de bien étonnant à ce que ce fût vrai ; car j'ai vu moi-même dans mon village, — ne le dites à personne, — des gens qui, certes, n'étaient pas entièrement dépourvus de bon sens, croire fermement que les perroquets parlent et agissent d'après leur inspiration.

Mais revenons à l'étourneau.

L'étourneau est un oiseau connu de tout le monde. Joseph, notre cultivateur futur, parlez-nous un peu de ses mœurs.

JOSEPH. — C'est un oiseau que l'on voit rarement en été, parce qu'il se tient dans les bois où il niche ; ce n'est qu'aux approches de l'automne qu'il arrive dans nos prés, à la suite des troupeaux de moutons et de vaches, sur le dos desquels on le voit souvent, à la grande satisfaction de ces bestiaux, qu'il débarrasse de la vermine qui les ronge. Aussi les bergers et les bouviers les regardent-il comme un aide vigilant, et, comme tel, ils le protégent de tout leur pouvoir.

Étourneau.

LE MAÎTRE. — Et en été, savez-vous de quoi il se nourrit ?

JOSEPH. — Non, Monsieur ; car moi, je ne suis pas un coureur des bois : je ne vais qu'à la campagne.

ÉMILE. — Je le sais, moi, Monsieur. Pendant toute la belle saison, il se nourrit de larves d'insectes, de vers, de limaces, descargots, de sauterelles, de vermisseaux, de scarabées, surtout de ceux que l'on rencontre sur les fleurs ;

et seulement à l'arrière-saison, il vient en troupe pâturer dans nos prés, attiré par les insectes qui voltigent autour des troupeaux et qui fourmillent dans leurs excréments. Enfin, lorsque tout lui manque, il fait comme le corbeau, il se contente des cadavres.

Le Maître. — Mon cher Émile, vous nous donnez plus que je ne demandais à Joseph. Puisque vous êtes si bien en verve, faites-nous, en quelques mots, l'histoire de la limace et du limaçon dont l'étourneau est un grand destructeur.

Émile. — La *limace* est un reptile terrestre, nu, sans coquille. On en compte trois espèces principales : celle des champs, celle des caves et celle des bois ; la première est jaune, la deuxième est noire, la troisième est rouge. Celle des champs est la plus commune et la plus nuisible ; c'est elle que je connais le mieux. Elle porte une sorte de capuchon rougeâtre sous lequel elle cache sa tête. Elle a quatre cornes qui sont terminées par un petit point noir, et qu'elle fait sortir et rentrer à volonté. Ces cornes lui servent comme de guide pour reconnaître le terrain sur lequel elle s'engage ; car elle n'a point d'yeux.

La limace se nourrit de feuilles, d'herbes, et souvent de pommes de terre et des grains du blé nouvellement semé. Dans certaines années, elle occasionne des pertes incalculables aux cultivateurs, au moment des semailles.

Ses œufs, qu'elle dépose en terre, sont ovales et d'un bleu pâle ; mais au moment de l'éclosion, ils deviennent jaunes.

Le *limaçon*, plus connu sous le nom d'*escargot*, est un ver renfermé dans une coquille à cinq spirales, d'où il sort et où il rentre à volonté. Il a aussi quatre cornes ; mais font-elles fonctions d'yeux, ou ne sont-elles que des antennes qui lui servent à tâter le terrain ? C'est ce que l'on ne sait.

La nourriture du limaçon est la même que celle de la limace, et les jardiniers savent mieux que personne tous les dégâts commis par ces reptiles dans les moments de pluie ou de brouillard.

LE MAÎTRE. — C'est très-bien, Émile ; vous traitez les questions en maître. Mais, outre le corbeau, le merle, l'étourneau, qui se gorgent de limaces, ne connaissez-vous pas quelques moyens dont puissent user l'horticulteur et le cultivateur, pour détruire ces reptiles, ou du moins préserver de leurs ravages leurs champs et leurs jardins ?

ÉMILE. — Non, Monsieur ; ma science ne va pas au delà de ce que j'ai dit.

LE MAÎTRE. — Je vais donc indiquer quelques-uns de ces moyens à Joseph, notre cultivateur ; ils ne sont pas applicables partout, mais je les donne pour ce qu'ils valent.

Et d'abord, un moyen de destruction :

On prend de la paille bien fine ; on la hache menue, on la mêle à du plâtre, de la sciure de bois ou de la cendre, et, vers la nuit, on en couvre les plantes attaquées et les traces laissées par les reptiles sur leur passage. Les limaces, alléchées par un premier festin, s'avancent, malgré tout, sur ce terrain perfide, et la paille, le plâtre ou la cendre s'attache à elles par l'humeur qui sort de leur corps. Plus l'animal fait d'efforts pour se dégager, plus cette humeur suinte, plus, par conséquent, il s'épuise. Enfin il finit par mourir.

Voici un préservatif; il est très-efficace :

Le sulfate de cuivre est, tous les horticulteurs le savent, un poison pour les limaces. — Pour les éloigner, il suffit d'employer, pour clôture des jardins ou des vignes, des arbustes, des osiers, de la paille, ou des palissades fortement sulfatées. Cette simple précaution est plus que suffisante.

Enfin il est une dernière ressource contre les ravages

de ces reptiles rongeurs ; cette ressource est diamétralement opposée à la précédente, car elle consiste à attirer les limaces et les limaçons. Comme beaucoup de découvertes, celle-ci est due au hasard.

Un vase contenant de l'amidon saturé d'iode est abandonné pendant quelques semaines en plein air dans un jardin. Ce temps écoulé, quel n'est pas l'étonnement du chimiste oublieux, en retournant auprès du vase, d'y trouver des centaines de limaçons venus des quatre points cardinaux, attirés par les émanations de l'iode.

C'est M. Commandeur, de Paris, qui rapporte ce fait, contre lequel il n'est pas possible de s'élever...

Enfants, notre causerie est terminée.

CINQUIÈME CAUSERIE.

LA FAUVETTE.

LE MAÎTRE. — A peine la nature a-t-elle dépouillé son long manteau de deuil, et les premiers bourgeons ont-ils paru, que les fauvettes, chassées par le froid hiver, reviennent animer de leur folle et innocente gaieté, les haies de nos chemins, les buissons de nos plaines, les roseaux de nos marais, nos champs, nos jardins, nos bosquets, nos forêts.

« Des hôtes des bois, dit Buffon, les fauvettes sont les plus nombreuses comme les plus aimables ; vives, agiles et sans cesse remuées, tous leurs mouvements ont l'air du sentiment, tous leurs accents le ton de la joie, et tous leurs jeux l'intérêt de l'amour. »

Ce naturaliste en compte onze variétés ; mais en Lorraine, on n'en rencontre que huit, qui sont :

La *grande fauvette;*

La *fauvette à tête noire;*

La *fauvette babillarde;*

La *petite fauvette* ou *passerinette;*

La *fauvette grise* ou la *grissette;*

La *roussette* ou *fauvette des bois;*

La *fauvette des roseaux;*

La *fauvette d'hiver* ou *traine-buissons*, ou encore *mouchet*.

Vous voyez, mes enfants, que notre tâche d'aujourd'hui

est longue ; je vous prierai donc de m'interrompre le moins possible, et de garder pour un autre jour toutes les questions qui ne toucheraient pas directement à notre sujet.

LA GRANDE FAUVETTE.

LA NITIDULE.

Les champs semés de légumes, tels que fèves, féveroles, pois, lentilles ; les champs de vesces, de colza, de betteraves, de carottes, sont les lieux que choisit de préférence la grande fauvette ; on la rencontre aussi, mais moins souvent, dans les jardins et dans les bois. Elle paraît timide, et ne se montre que rarement à découvert. Elle semble aimer la solitude, et ne fait entendre sa voix pleine et entière que dans les fourrés les plus épais où elle se cache, et alors seulement qu'elle se croit seule.

Elle ne passe que l'été chez nous.

A son arrivée et quelque temps avant son départ, lorsque la faim la presse, elle mange les graines du sureau, de l'yèble et du troëne, et les baies de lierre, de mézéréon et de ronces. Mais en général, les insectes composent la plus grande partie de sa nourriture. Comme l'alouette, elle choisit de préférence à toute autre, la cécydomie, qu'elle chasse dans l'air, ainsi que les mouches et les petits scarabées ; elle y ajoute souvent aussi un autre petit insecte nuisible, que les savants appellent la *nitidule,* et qui se loge sur le groseillier et le framboisier, dont il ronge les fleurs, et qu'il rend par conséquent stériles.

La nitidule est de l'ordre des coléoptères, et son nom signifie *brillant*. Il est verdâtre, et ses élytres ont un éclat métallique d'un très-bel effet. Il n'a que cinq ou six millimètres de longueur. On en compte plusieurs variétés : les unes recherchent les charognes, les cadavres desséchés ou les arbres pourris, et les autres, je l'ai dit, se nourrissent des organes reproducteurs du groseillier et du framboisier.

JOSEPH. — N'a-t-on que la fauvette pour les détruire ?

LE MAÎTRE. — Voici un autre moyen : la nitidule ne voyage que le matin et le soir, comme la plupart des insectes : pendant la journée, elle dort; on peut alors la surprendre en secouant les arbustes sur lesquels elle repose. C'est, vous le voyez, un moyen bien facile à pratiquer.

LA FAUVETTE A TÊTE NOIRE.

LA BRUCHE DES POIS.

Si la fauvette à tête noire ne chantait, comme le rossignol, que dans la solitude des bosquets et des forêts, et dans le silence des nuits, le roi des chanteurs, comme l'appellent les amateurs d'oiseaux, perdrait, je crois, beaucoup de son prestige.

Fauvette à tête noire.

Le rossignol a la voix puissante, des roulades riches, variées; mais la fauvette à tête noire a le timbre plus doux, plus pur, des modulations moins brillantes, mais plus harmonieuses. Le rossignol charme l'oreille; la fauvette à tête noire charme le cœur; on écoute l'un avec une attention soutenue, l'autre avec un bonheur indicible.

La fauvette à tête noire se tient partout où il y a des

buissons, où elle puisse se reposer et cacher sa couvée.

Une particularité digne de remarque, en ce qu'elle ne se présente que chez cette espèce de fauvette, c'est que le mâle couve alternativement avec la femelle, et que, de plus, les heures de l'un et de l'autre sont comme fixées d'une manière invariable, c'est-à-dire que, si dès le premier jour le mâle a couvé le matin, il continuera à couver le matin pendant toute la durée de l'incubation, et arrivera à son poste, de même que sa compagne, à l'heure désignée, sans se tromper d'une seule minute.

ÉMILE. — C'est là un fait presque incroyable, Monsieur ! Qui peut lui dire, lorsqu'il est occupé à chercher sa pâture, à poursuivre sa proie, que l'heure de rentrer est arrivée ?

LE MAÎTRE. — Celui qui lui dit en automne que l'hiver approche, qu'il faut s'éloigner de nos froids climats... Celui qui le conduit vers les chaudes régions du midi, sans guide et sans boussole : Dieu, mon enfant, toujours Dieu !

Dans ses moments de disette, la fauvette à tête noire mange les baies de la lauréole, du lierre, les petits fruits de la bourdaine, de l'aubépine et du cormier des chasseurs; mais ses mets favoris sont les insectes. Elle explore nos jardins, nos bosquets, fouille dans nos potagers pour y chercher la *bruche des pois*, dont elle est extrêmement friande, et qui cause tant de colère à nos ménagères. Émile, vous devez connaître la bruche ?

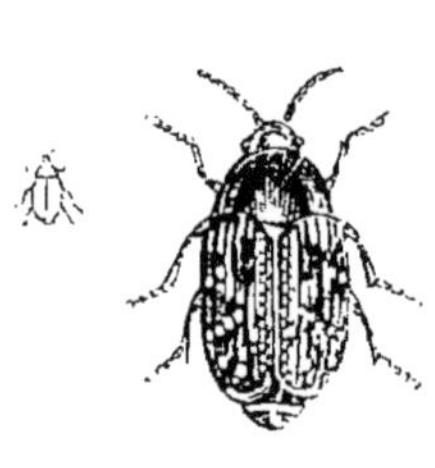

Bruche des pois.

ÉMILE. — Oui, Monsieur : si vous le voulez, j'expliquerai ce que j'en sais.

LE MAÎTRE. — Certainement, mon enfant.

ÉMILE. — La bruche est un coléoptère de couleur

noirâtre, couvert de poils gris cendré. Ses élytres, très-courtes, sont parsemées de petits points blancs qui, par leur disposition, forment une sorte de croix ; c'est pour cela qu'on l'appelle quelquefois *insecte à la croix blanche*.

La bruche dépose ses œufs un à un dans la silique des pois encore verts, et toujours en face d'une graine. Au bout de quelques jours, chacun de ces œufs donne une larve qui se nourrit de la graine où elle est renfermée. Lorsque cette larve pressent qu'elle va passer à l'état de nymphe, elle a soin de se ménager une issue pour sortir de sa prison, lorsqu'elle sera arrivée à son dernier état; pour cela, elle rend l'écorce de la graine si mince, que le moindre effort suffit pour la percer.

Il n'y a qu'un seul moyen, je crois, de s'en débarrasser; c'est, lorsque la récolte est rentrée, de plonger dans l'eau bouillante tous les pois que l'on réserve pour la cuisine : dans cette immersion toutes les nymphes périssent.

Le Maître. — C'est parfait, Émile.

Passons à la fauvette babillarde.

LA FAUVETTE BABILLARDE.

LE PERCE-OREILLE, OU FOURCHETTE.

Le Maître. — Toujours gaie, vive, alerte, toujours en mouvement, comme l'alouette, la fauvette babillarde chante sans jamais s'interrompre, en volant d'un buisson à l'autre, en s'élevant en l'air et en se laissant retomber ; et c'est de cette habitude de gazouiller incessamment que lui est venu le nom de *babillarde*, qu'elle justifie pleinement. Lorsqu'elle se tient cachée dans les buissons, elle fait entendre encore une sorte de sifflement qui ressemble assez à celui que l'on prête au serpent : *bjie*, *bjie*.

La fauvette babillarde est la mère nourricière du coucou,

que tous nous avons eu tant de plaisir à écouter, couchés à l'ombre des bois, et surtout à imiter ; que tous nous avons tant cherché et qui, comme le bonheur, s'enfuyait au moment où nous croyions l'apercevoir ; car c'est le plus souvent dans le nid de la babillarde que le coucou dépose ses œufs. J'ai entendu des babillardes partout, mais le plus souvent dans les bois, quelquefois dans les haies, rarement dans les prés. Les petites chenilles vertes sont sa nourriture de prédilection ; elle y joint parfois des vermisseaux et même de petits papillons, et surtout cet insecte qui dévore les fruits sucrés, comme les abricots, les pêches et les fleurs, insecte que vous appelez *fourche* ou *fourchette* et dont le nom scientifique est *forficule*, mot qui vient du latin et qui signifie *petite pince*. On l'appelle également *perce-oreille*, parce que sa partie postérieure ressemble à l'instrument dont se servent les bijoutiers pour percer les oreilles, et encore parce que l'on prétend qu'il recherche avidement les oreilles des dormeurs couchés sur l'herbe, qu'il y pénètre et y occasionne parfois des douleurs insupportables.

Fauvette babillarde.

Charles. — J'ai lu cependant dans le livre de M. Ysabeau, intitulé : *Insectes nuisibles*, que le perce-oreille est inoffensif pour l'homme, et que si, par hasard, il entrait dans les oreilles, il se hâterait d'en sortir, attendu que l'humeur qui s'y trouve l'empoisonnerait immédiatement.

Le Maître. — Je suis parfaitement de l'avis de M. Ysabeau ; mais à mon tour je vais vous citer deux faits certainement incontestables, qui sont rapportés dans le *Dictionnaire universel* de M. Valmont de Bomarre.

M. Valmont de Bomarre dit que, dans son enfance, un de ses frères s'étant avisé de lui faire entrer un de ces insectes dans l'oreille, il en fut comme fou pendant quatre jours, après quoi ses souffrances se terminèrent par un léger mal de tête. A cela il ajoute qu'ayant voulu se venger de ce frère espiègle, il lui joua le même tour ; mais le frère éprouva, pendant un temps assez long, des douleurs si violentes que parfois il se plongeait la tête dans un seau d'eau pour les calmer ; d'autres fois il saignait du nez ; d'autres fois encore il croyait voir des nuages autour de lui ou l'arc-en-ciel.

Voici un autre fait rapporté dans le même ouvrage.

Une pauvre femme des environs de Nuremberg revenait de la forêt, portant sur sa tête un fagot d'herbes sèches. Comme le bûcheron de La Fontaine,

..... n'en pouvant plus d'effort et de douleur,

elle mit bas son fagot, se coucha par terre et s'endormit. Pendant son sommeil, des perce-oreilles entrèrent dans son oreille droite. A son réveil, tout effrayée, elle courut chez un chirurgien, qui ne put lui en retirer qu'un seul. Alors commença pour cette malheureuse une vie de souffrances, de tortures, dont l'imagination ne peut se faire une idée. Cependant, au milieu de ses angoisses, elle espérait ; la vie des insectes étant assez courte, elle pensait que leur mort la délivrerait. Mais, contrairement à l'opinion de tous les savants de l'époque, les insectes se multiplièrent, et le martyre de cette femme dura plus de vingt ans...

Cet exemple doit vous faire comprendre combien il est imprudent de se coucher sur l'herbe, pendant les beaux jours d'été, pendant ces jours où toute la nature fourmille d'insectes qui, inoffensifs de leur nature, deviennent dangereux, ou en s'introduisant dans nos oreilles, ou en s'attaquant à quelque partie délicate de notre corps...

Revenons aux mœurs du perce-oreille.

Il est de l'ordre des *orthoptères*, mot tiré du grec, et qui signifie *ailes droites.* Il ne subit pour ainsi dire pas de métamorphoses ; mais il change trois fois de peau avant d'être insecte parfait, c'est-à-dire d'avoir des ailes. Il ne vole point pendant le jour, et l'on ne voit pas ses ailes, parce qu'il les tient enfermées sous ses élytres. Il place ses œufs sous des pierres, sous des feuilles mortes, dans du bois mort. Les larves sorties de ces œufs peuvent, dès leur naissance, pourvoir à leurs besoins, et la mère les abandonne.

Le perce-oreille est la terreur des jardiniers, dont il fait périr l'une des fleurs les plus recherchées, l'œillet.

CHARLES. — Je connais le moyen qu'emploient les jardiniers pour le détruire. Ils mettent des ongles de pieds de mouton sur les tuteurs des fleurs ; l'insecte, attiré par l'odeur, vient y passer la nuit ; le matin on le surprend, et les poules s'en régalent. On le détruit encore en l'attirant sous de petites planches ou des tuiles, que l'on place dans les allées bordées de fleurs ; l'imprudent vient y dormir pendant le jour, et il est facile de s'en saisir.

LE MAÎTRE. — Bien, mon enfant !...

Allons, parlez-nous de la passerinette, Émile.

LA PETITE FAUVETTE, OU PASSERINETTE.

LES PUCERONS.

Émile. — C'est la fauvette des jardins et des taillis. Elle ne chante pas ; seulement elle a un petit cri de rappel : *tip, tip, tip*, qu'elle fait entendre constamment en voltigeant dans les buissons, sur les arbustes, ou en sautillant dans les bois. Elle se nourrit de petits insectes, et fait une guerre d'extermination aux *pucerons*, qui sucent la séve des arbustes de nos jardins, de nos rosiers, de nos chèvre-feuilles, et les font périr.

Le Maître. — Pourriez-vous nous expliquer tout ce qui a rapport aux pucerons?

Je ne vous demande ici que des notions générales ; car il faudrait des volumes pour traiter cette question.

Émile.— Ce que je sais est bien peu de chose ; vous nous ferez donc grand plaisir, Monsieur, en nous racontant vous-même tout ce que cet insecte a de particulier.

Le Maître. — On range généralement les pucerons dans la classe des plus petits insectes. On en connaît une foule de variétés : les unes vivent sur les feuilles, les fleurs, les tiges des arbres ; d'autres demeurent sous l'écorce, d'autres enfin font croître sur les arbres et sur les feuilles des tubérosités appelées *galles*, où ces insectes s'enferment. Mais les principales sont : le *puceron noir*, le *puceron vert* et le *puceron lanigère*, mot tiré du latin, et qui signifie *porte-laine*. Cet insecte porte en effet, une sorte de manteau de laine.

On trouve toujours les pucerons réunis en troupes nombreuses, quelquefois tellement nombreuses, que les tiges et les feuilles des arbustes en sont entièrement couvertes.

Chez cet insecte, de même que chez le lampyre, le mâle

est ailé et la femelle est aptère. Vous vous rappelez que ce mot veut dire *sans ailes*. Mais la femelle offre une singu-

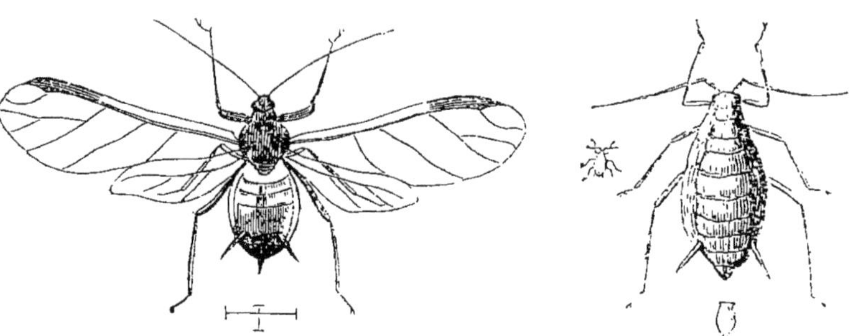

Puceron vert (mâle). Puceron vert (femelle).

larité bien plus curieuse : elle est vivipare en été, et ovipare en automne.

CHARLES. — Est-ce donc, Monsieur, une erreur de la nature ? Car c'est une bizarrerie qui ne se présente nulle autre part, il me semble.

LE MAÎTRE. — Je vous ai déjà dit, mes enfants, qu'en histoire naturelle, il n'y a ni erreur, ni hasard. Tout ce qui arrive a été arrêté de toute éternité dans les desseins de Dieu. Ce qui nous paraît être erreur ou l'œuvre du hasard, arrive parce que le Créateur l'a voulu ainsi. Souvent les causes échappent à notre intelligence ; c'est à nous alors à nous humilier dans le sentiment de notre impuissance.

CHARLES. — Alors, on ignore pourquoi le puceron est doué de cette singulière faculté de produire, tantôt des œufs, tantôt des petits ?

LE MAÎTRE. — Non ; ici l'observation a trouvé, en partie du moins, le secret de la nature.

Pendant tout l'été les femelles mettent au monde des petits vivants, et elles sont d'une fécondité prodigieuse. Dans une seule journée elles donnent naissance à une vingtaine de jeunes pucerons, et tout le reste de leur vie elles continuent ce travail, c'est-à-dire jusque vers l'automne. A cette époque elles pondent des œufs, qui reproduisent l'espèce au printemps suivant ; car tous les pucerons meurent aux approches de l'hiver. Comprenez-vous, Charles ?

Charles. — Oui, Monsieur ; mais ce n'est pas moins un fait singulier.

Le Maître. — Le puceron présente une dernière particularité, qui l'a fait nommer quelquefois la *vache nourricière des fourmis*. Il a, à la partie postérieure, deux sortes de petites cornes, desquelles suinte une liqueur dont les fourmis sont très-friandes. On trouve souvent le puceron dans les nids de ce dernier insecte : là il est fêté, choyé, et, comme à la vache domestique, on ne lui demande que son lait.

Le puceron noir se trouve surtout sur le trèfle et la luzerne ; le puceron vert, sur les choux et la salade ; quant au puceron lanigère, il n'attaque que les arbres.

Joseph. — Les jardiniers et les cultivateurs n'ont-ils rien tenté jusqu'ici pour détruire ces dévastateurs ?

Le Maître. — C'est par centaines, mon enfant, qu'on pourrait compter les procédés essayés. Dans les jardins, il est assez facile de faire périr le puceron vert : la fumée de tabac l'asphyxie ; seulement c'est une race qui se renouvelle facilement. Le puceron noir, qui est parfois la désolation des cultivateurs, est plus rebelle ; voici comment on opère contre lui. Aussitôt que ces insectes se sont réunis en nombre suffisant pour inspirer des craintes, on passe sur la luzernière un rouleau en fonte ou en bois assez lourd, qui écrase tout ce qui s'oppose à son passage. Si cette opération, faite une fois, ne suffit pas, on la réitère.

Quant au puceron lanigère, il se joue de toutes les recettes inventées contre ses congénères : son manteau le

5.

préserve de tout, même des liquides les plus foudroyants. Cependant, ces années dernières, on a essayé d'un moyen qui réussit à merveille.

On prend une torche de résine allumée ; on la passe rapidement sous les branches envahies par les pucerons ; tout pétille, insectes et œufs : rien ne peut résister ; mais il faut choisir une époque où la séve est en repos, en août ou en décembre, par exemple. Ce procédé est un peu violent et quelquefois dangereux pour les arbustes. En voici un autre de M. Trouillet.

On fait un mélange en parties égales de vieille lessive et d'urine fraîche; on renferme, pendant vingt-quatre heures, ce mélange dans un vase bien fermé, et on l'agite de temps en temps. Les vingt-quatre heures écoulées, on prend un pinceau à poils rudes, et l'on badigeonne l'arbre attaqué par le puceron lanigère. Deux lavages de ce genre suffisent.

Enfin, voici un dernier procédé donné par le docteur Douniec. On fait dissoudre quatre kilogrammes de sulfure de potasse dans quarante-cinq litres d'eau bouillante ; pendant l'ébullition, on ajoute trois kilogrammes de fleur de soufre et on remue ce mélange avec un bâton, jusqu'au refroidissement. On badigeonne ensuite, à deux reprises différentes les arbres malades, et non-seulement l'insecte disparaît, mais les arbres paraissent renaître, reprendre une nouvelle vie, plus forte, plus puissante.

Émile.—N'y a-t-il pas, Monsieur, plusieurs insectes qui se nourrissent de pucerons, entre autres : la *coccinelle*, nommée communément *bête à bon Dieu* ou *cheval du bon Dieu*, et les *staphylins*, dont les espèces les plus répandues sont le *staphylin odorant*, que nous appelons *le diable*, parce qu'il est noir, le *staphylin bourdon* et le *staphylin à ailes rouges*, remarquable par la belle couleur écarlate de ses élytres ?

Le Maître.— Oui, mon enfant ; j'allais vous le dire et recommander ces insectes à votre protection.

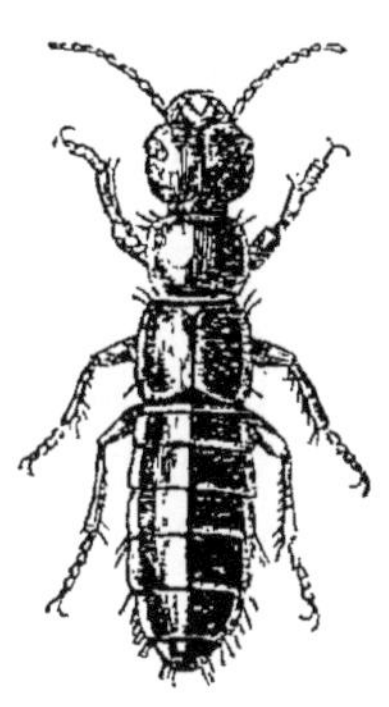

Staphylin noir.

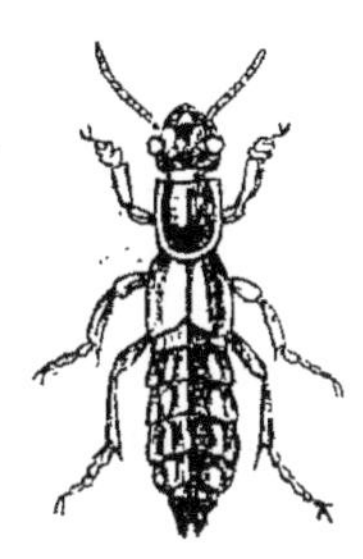

Staphylin à ailes rouges.

Avant de terminer, je dois ajouter que si l'on a si peu de ressources contre le puceron lanigère, c'est qu'on ne connaît encore qu'une partie de ses mœurs. Sa naissance est environnée d'une sorte de mystère, que la science n'a pas éclairé : on ne sait où il dépose ses œufs. Ce qu'on a le plus souvent observé, c'est qu'aux approches de l'hiver, il quitte les arbres où il séjournait, et va se cacher sous les feuilles ; c'est là que la *grisette,* dont Alexis va nous entretenir, le recherche au printemps, lors de son arrivée.

LA FAUVETTE GRISE, OU LA GRISETTE.

Alexis, en souriant. — C'est l'oiseau que je connais le mieux. Qui n'a entendu dans les haies qui bordent les chemins de nos campagnes le chant continu de la grisette ? En Lorraine, on l'appelle, avec assez de raison, *mousse-en-haie.* Ses habitudes sont les mêmes que celles de la babillarde. Elle se nourrit de tous les insectes qu'elle rencontre, sans aucune distinction ; car je l'ai vue apporter à sa nichée des chenilles vertes, des chenilles grises, des papillons et des vers.

Je n'avais pu savoir jusqu'à présent pourquoi elle retournait souvent les feuilles au pied des arbres ; je suis content d'apprendre que c'est pour y trouver le puceron lanigère.

Ma science s'arrête là, Monsieur.

Le Maître. — C'est tout autant qu'il en faut. La grisette a, en effet, les mêmes goûts et les mêmes habitudes que la babillarde, que nous avons étudiée. Nous allons donc aborder la sixième variété, sur laquelle nous passerons rapidement aussi, parce qu'elle ne se tient que dans les bois.

LA ROUSSETTE, OU FAUVETTE DES BOIS.

La roussette est de la même taille que le rossignol ; mais combien celui-ci lui est supérieur par la richesse des modulations! Elle est l'enfant disgracié de la famille ; aussi va-t-elle se cacher au fond des bois, qu'elle n'abandonne pas, même en hiver. Elle chante toujours, au sein d'un bosquet de verdure, comme sur l'arbuste qui domine une plaine de glace ; mais c'est toujours le même refrain monotone. C'est dans les taillis qu'on la voit le plus fréquemment ; c'est là qu'elle niche, dans les buissons. De même que la grisette, elle n'a aucun caractère qui la distingue ; elle mange indifféremment de tous les insectes qui se trouvent dans les lieux qu'elle habite.

Émile. — J'ai une petite histoire naturelle qui la donne pourtant comme un de nos meilleurs chanteurs, lorsqu'elle est en cage.

Le Maître. — J'ai eu pendant deux ans une roussette dans une volière ; elle avait la voix très-faible et ne chantait que le matin, quelques minutes avant l'aurore. Son chant n'était qu'un fredonnement, mais un fredonnement si harmonieux, qu'il ressemblait à une musique céleste. Mais ce n'était là qu'un talent acquis, et non une faculté naturelle.

L'auteur de l'histoire naturelle que vous possédez n'en a probablement vu qu'en cage.

LA FAUVETTE DES ROSEAUX.

SON NID. — LES COUSINS.

Beaucoup plus petite que ses onze sœurs, la fauvette des roseaux, par l'habitude qu'elle a de faire entendre sa petite voix flûtée dans les belles nuits du printemps, a mérité les surnoms flatteurs de *rossignol des saules*, *rossignol des roseaux*, *rossignol des mares* et *rossignol des osiers*. Agile comme l'hirondelle, comme cette reine des airs, c'est au vol que la fauvette des roseaux saisit les petits insectes ailés dont elle se nourrit. C'est aux *cousins* surtout qu'elle fait une guerre d'extermination, sur les longues herbes qui longent les étangs, les rivières ou les mares.

Placé dans les roseaux, les marécages, les buissons, les taillis, mais toujours au bord des eaux, son nid est un petit chef-d'œuvre de construction, de coquetterie et de propreté.

Il est uniquement formé à l'extérieur de laîches, entrelacées avec tout l'art que pourrait déployer une créature intelligente. L'intérieur est garni d'un duvet léger, mais d'une finesse extrême.

ÉMILE. — N'est-ce pas cette espèce qui suspend son nid de peur des inondations ?

LE MAÎTRE. — C'est celle-là même.

J'ai dit qu'elle le construit toujours sur le bord des eaux. Mais un débordement peut arriver et le submerger?

Rassurons-nous : la fauvette des roseaux a prévu ce danger. Son nid est solidement attaché et le courant ne peut l'entraîner; ses liens sont assez longs et assez lâches pour que, en cas d'inondation, la faible construction devienne une barque fortement amarrée, qui peut monter et descendre suivant la crue ou la baisse des eaux.

Fauvette des roseaux.

CHARLES. — C'est admirable, admirable! Monsieur.

LE MAÎTRE. — Oh! oui, mon enfant. Il n'y a rien de comparable aux œuvres de Dieu! Et qui sait ce que l'observation nous dévoilera plus tard encore!

Quoique le cousin ne nous cause pas de grands dommages, car il ne fait que nous ennuyer par son bourdonnement et nous incommoder légèrement par sa piqûre, comme la fauvette des roseaux nous donne l'occasion d'en parler, nous l'étudierons un peu cependant, et il le mérite à certains égards.

Le cousin est un diptère. Derrière ses ailes se trouvent deux petits filets, assez semblales aux balanciers des danseurs de cordes, qui lui servent à diriger son vol, et que les naturalistes appellent, pour cela, *balanciers du cousin*. Il porte à la tête une trompe ou aiguillon composé d'une quantité prodigieuse de petits appendices d'une délicatesse infinie, et terminés chacun par un petit crochet pareil à un hameçon. Cette trompe creuse fait l'office de pompe et aspire le sang. C'est surtout dans ses métamorphoses que le cousin mérite de fixer l'attention.

Avant d'être insecte parfait, il passe par deux existences entièrement différentes.

Examinons ces deux genres de vie.

La femelle du cousin dépose ses œufs sur les eaux croupissantes des mares ou des étangs, rarement sur les ruisseaux et les rivières. La ponte a toujours lieu le matin, par un temps très-calme, sans quoi tout serait entraîné, perdu, anéanti.

Pour cela, elle se place sur une feuille flottante ou un brin d'herbe qui, par sa légèreté, peut se soutenir sur l'eau. Elle croise l'une sur l'autre ses longues jambes de derrière, et, dans l'angle qu'elles forment, laisse descendre un œuf qui se colle sur ce berceau improvisé. A côté de ce premier œuf, elle en place un second, puis un troisième, qui s'attachent les uns aux autres, et qui, par leur réunion, figurent invariablement un losange. Cette première ponte terminée, elle abandonne au courant des eaux, où souvent il s'engloutit, le frêle radeau qui porte sa progéniture, et va recommencer la même opération sur une autre feuille ou sur un autre brin d'herbe, qu'elle abandonne à son tour pour un troisième, et ainsi de suite, jusqu'à ce que sa ponte, qui varie de 300 à 400 œufs, soit entièrement finie. Puis elle meurt.

Au bout de deux ou trois jours, chacun de ces radeaux va devenir un petit monde vivant : les larves seront sorties des œufs. Ces larves sont faciles à reconnaître par la bizarrerie des positions qu'elles prennent. Ce sont de petits vers minces comme des fils, qui paraissent toujours suspendus la tête en bas, et les parties postérieures à la surface de l'eau.

Charles. — Mais tout cela, Monsieur, est contre nature ?

Le Maître. — Pour l'ignorant qui ne fait que regarder, oui ; mais, pour l'homme qui étudie, cette position est toute naturelle, attendu qu'à la partie postérieure sont fixés les organes de la respiration.

Ces petits vers-poissons passent, suivant la plus ou moins grande chaleur du temps, de 15 à 20 jours en cet état, et pendant ce temps changent trois fois de peau. Ils se transforment en nymphes, qui sont de véritables cousins, enfermés dans une espèce de filet d'un finesse extrême. Ce filet maintient les membres et les laisse se fortifier pendant une huitaine de jours. La nymphe ne prend aucune nourriture, et les organes de la respiration ont changé de place : ils sont définitivement fixés à la tête. Enfin, le terme de son ensevelissement arrivé, la nymphe se déroule, se gonfle et fait crever l'enveloppe qui la retenait prisonnière. Cette enveloppe change d'usage et, pendant quelques minutes, lui tient lieu de nacelle. Puis, ses membres s'étant endurcis au contact de l'air, l'insecte prend son vol sous forme de cousin.

JOSEPH. — Vous avez dit, Monsieur, que c'est toujours sur des eaux dormantes que le cousin fait sa ponte ; sait-on pourquoi il fait ce choix ?

LE MAÎTRE. — On le sait très-bien : au mois de juillet ou d'août, vous pourrez vous-même vérifier la chose. Pour cela, vous prendrez deux vases ; dans l'un vous verserez de l'eau corrompue renfermant des larves de cousin : dans l'autre, de l'eau corrompue, mais sans nymphes. En quelques heures, les larves auront purifié l'eau du premier vase, tandis que l'autre répandra une odeur infecte.

JOSEPH. — Alors ces larves se nourrissent de ce qui occasionne cette corruption de l'eau ?

LE MAÎTRE. — Précisément ; et toutes les expériences tentées par les savants ont démontré ce fait d'une manière irréfutable.

Enfin, il me reste à dire que, pour se débarrasser des cousins, il suffit de brûler quelques branches de genièvre :

la fumée les fait fuir; ou simplement de cueillir une bonne poignée de feuilles de noyer et de la suspendre au plafond. On préserve également les chevaux de la piqûre des taons, en les couvrant de ces feuilles tutélaires. Quant à la piqûre du cousin, le remède le plus simple est la salive appliquée immédiatement, ou, si l'on veut, l'alcali volatil.

CHARLES. — Ici encore, Monsieur, on peut dire : c'est admirable! et je comprends ce que vous nous avez dit avant de commencer nos entretiens, que l'étude est pour les savants une source de jouissances auxquelles ils ne trouvent rien de comparable.

LA FAUVETTE D'HIVER.

LE NID DE FAUVETTES.

LE MAÎTRE. — Lorsque l'automne a dépouillé de leurs plus beaux ornements les arbres de nos forêts et de nos vergers, et chassé vers des régions plus douces les hôtes aimables qui en charmaient la solitude par leurs joyeux ébats et leur tendre gaieté, on voit parfois courir sur les buissons des chemins, à quelques centimètres de terre, et par groupe de dix à quinze, de petits oiseaux grisâtres qui répètent à l'envi le même refrain, doux, mais monotone : *titit, tititit, titit, titit*; c'est la fauvette d'hiver qui nous arrive. En Lorraine, les enfants l'appellent *titit*, de son cri habituel; ailleurs, on lui donne le nom de *traîne-buissons*, de son habitude de courir d'un buisson à l'autre en rasant la terre; ailleurs encore, elle reçoit la dénomination de *mouchet*, ou *rossignol d'hiver*.

Le traîne-buissons ne passe que l'hiver chez nous; on le voit, dans les plus grands froids, s'approcher de nos habitations, chercher sur nos fumiers les petites graines laissées dans la paille et les petits vers qui s'y logent.

A l'arrivée du printemps, il disparaît. Se retire-t-il au fond des forêts, quitte-t-il nos provinces pour se porter vers le midi ? On l'ignore, et Buffon lui-même ne donne à ce sujet que des probabilités. Nous terminerons donc ici le long, mais intéressant chapitre de la fauvette...

Alexis. — Si vous le permettez, Monsieur, nous le terminerons par le petit morceau de poésie que vous nous avez fait étudier sur le nid de la fauvette ; il nous fera encore mieux sentir comment nous devons traiter ce gentil petit oiseau.

Le Maître. — Je suis enchanté de votre idée, Alexis. Allons ! récitez-nous vous-même ce petit chef-d'œuvre de Berquin.

Alexis, récitant :

LE NID DE FAUVETTES.

Je le tiens, ce nid de fauvettes !
Ils sont deux, trois, quatre petits !
Depuis si longtemps je vous guette,
Pauvres oiseaux, vous voilà pris !

Criez, sifflez, petits rebelles,
Débattez-vous, oh ! c'est en vain.
Vous n'avez point encore d'ailes,
Comment vous sauver de ma main ?

Mais, quoi ! n'entends-je point leur mère
Qui pousse des cris douloureux ?
Oui, je le vois ; oui, c'est leur père
Qui vient voltiger auprès d'eux.

Ah ! pourrais-je causer leur peine,
Moi, qui, l'été, dans les vallons,
Venais m'endormir sous un chêne,
Au bruit de leurs douces chansons ?

Hélas ! si du sein de ma mère,
Un méchant venait me ravir,
Je le sens bien, dans sa misère,
Elle n'aurait plus qu'à mourir.

Et je serais assez barbare
Pour vous arracher vos enfants !
Non, non, que rien ne vous sépare ;
Non, les voici, je vous les rends.

Apprenez-leur, dans le bocage,
A voltiger auprès de vous ;
Qu'ils écoutent votre ramage
Pour former des sons aussi doux.

Et moi, dans la saison prochaine,
Je reviendrai dans ces vallons,
Dormir quelquefois sous un chêne
Au bruit de leurs jeunes chansons.

Le Maître. — C'est très-bien, Alexis!

Maintenant, passons au geai, sur lequel, du reste, j'ai peu de chose à vous dire, et qui terminera notre causerie d'aujourd'hui.

LE GEAI.

INTELLIGENCE DES INSECTES.

Parmi les quelques oiseaux chanteurs que la nature a gratifiés du rare privilége d'imiter la parole humaine, le geai doit être placé en première ligne.

Alexis, *en souriant.* — Cependant, il faut reconnaître, Monsieur, que, abandonné à lui-même, c'est-à-dire au milieu de nos forêts, il n'a pas une voix très-agréable.

Le Maître. — Le geai a, en effet, une voix enrouée, qui fait mal aux nerfs ; mais livrée à une éducation soignée, sa voix devient douce, flexible, harmonieuse. Il en est de même de tous les oiseaux imitateurs, comme le corbeau, la pie et même le moqueur d'Amérique, qui ne produit de beaux sons qu'en répétant la chanson qu'il a entendue.

Le geai ne nous quitte jamais. En été, il demeure dans nos forêts, et, en hiver, il se retire dans nos jardins fruitiers, où il se nourrit de cadavres et d'œufs d'insectes.

Geai.

C'est un oiseau solitaire, mais qui a pourtant comme une sorte d'instinct de société, car il n'est pas rare, en automne, d'en voir plusieurs ensemble s'appelant mutuellement comme pour se défendre de l'approche de l'homme...

Enfants, notre causerie est terminée.

JOSEPH. — Monsieur, il nous reste encore quelques minutes. Ne voudriez-vous pas nous dire quelques mots sur l'intelligence des insectes? Cela nous ferait plaisir à tous.

LE MAÎTRE. — Soit, j'y consens, mon cher enfant, et d'autant plus volontiers que cela vous procurera l'occasion de bien établir la différence qu'il y a entre l'instinct et l'intelligence. Émile va nous définir ces deux facultés et nous donner en même temps un exemple de chacune d'elles.

ÉMILE. — L'instinct est un sentiment ou qualité naturelle en vertu de laquelle un être agit de telle ou telle manière, comme agiraient tous ceux de son espèce; il ne suppose pas le raisonnement. C'est par instinct que la fauvette des roseaux suspend son nid pour le préserver de l'inondation ; c'est là un fait qui se présente toujours dans les mêmes circonstances, et que l'on constate chez toutes les fauvettes des roseaux. L'intelligence, au contraire, réfléchit, discute, raisonne : les circonstances particulières où se trouve l'animal déterminent sa manière d'agir.

Un chirurgien célèbre trouve un soir, en rentrant chez lui, un chien couché à sa porte. Tout étonné d'une pareille rencontre, le chirurgien menace de sa canne la pauvre bête, qui se lève péniblement sur trois pattes et essaye, mais vainement, de déloger; c'était un épagneul magnifique, qui avait une patte cassée et qui s'était traîné là on ne sait comment. Le chirurgien était un bon vieillard dont la vie entière avait été consacrée au soulagement des souffrances de l'humanité. N'écoutant que la voix de son cœur, il recueille le chien, le soigne, lui remet la patte, le guérit. Pendant tout ce temps, l'épagneul ne savait comment témoigner sa reconnaissance à son sauveur; mais aussitôt qu'il fut entièrement rétabli, il disparut. Le chirurgien en fut profondément affecté; il ne pouvait s'expliquer que par l'ingratitude la fuite de son singulier client; et il regrettait presque sa bonne action. Bien des semaines s'étaient écoulées, et le chirurgien avait oublié l'épagneul, lorsqu'un jour, en rentrant chez lui encore, il retrouva à la même porte le fuyard qu'il avait tant regretté, et qui ne savait comment lui exprimer sa joie de le revoir. Cette fois, l'épagneul n'était pas seul : il était accompagné d'une chienne, sa sœur, sa mère peut-être, sur laquelle il semblait vouloir attirer les regards du chirurgien, en le tirant par son habit et en la lui montrant. Surpris de ces mouvements extraordinaires de son ancien ami, le chirurgien examine la chienne, et il s'aperçoit alors qu'elle aussi a la patte cassée. C'était une pratique que le fuyard reconnaissant amenait à son bienfaiteur. Voilà un acte d'intelligence.

Le Maître. — Et vous pourriez ajouter : accompagné d'une étonnante puissance de mémoire.

Joseph. — Ce fait est-il vrai, Monsieur?

Le Maître. — Bien vrai, mon enfant.

Chacun de vous comprend facilement, je pense, ce que c'est que l'instinct et ce que c'est que l'intelligence. — La nature seule dit à la fauvette des roseaux de suspendre son nid; mais le chien de notre anecdote a dû raisonner mûrement avant de conduire sa camarade au chirurgien qui l'avait guéri. Il a dû se dire à lui-même : « J'ai eu la patte cassée et je ne pouvais plus marcher; dans telle rue, dans telle maison, quelqu'un m'a guéri; donc là, on soigne les chiens. — Notre amie Zora est malade comme je l'étais : l'homme qui a eu pitié de moi est bon, je le sais; essayons; conduisons Zora chez cet homme... » Voilà bien certainement, en substance, le calcul que ce chien a dû faire. Et c'est là de l'intelligence.

Maintenant que nous avons une idée exacte de la valeur des mots *instinct* et *intelligence*, je reviens à nos insectes.

Les traits d'intelligence connus, chez ces animaux, sont assez rares; cela s'expplique, parce qu'il n'y a guère qu'un petit nombre d'hommes qui se livrent à l'étude de l'entomologie. — Cependant, d'après les rapports des naturalistes, nous connaissons assez de faits pour avoir la preuve que ces êtres ne paraissent inférieurs qu'aux yeux des gens qui voient sans observer.

Dans l'ordre des coléoptères, on trouve un insecte désigné sous le nom de *necrophorus vespillo*, ou simplement *nécrophore*.

Le nécrophore est un véritable sybarite. Lorsque, dans ses courses vagabondes, il a rencontré le cadavre d'une souris ou d'un autre petit mammifère, il creuse une fosse, s'y enferme avec lui et s'en repait en silence. C'est de là que lui sont venus les surnoms de *fossoyeur*, d'*inhumeur*, que le vulgaire lui donne. Quand il est repu, il dépose ses œufs au milieu des restes du cadavre, et sa larve, en naissant, trouve un banquet tout préparé. C'est là de l'instinct commun à tous les insectes.

Voici de l'intelligence.

L'entomologiste Clairville, se promenant un jour dans la campagne, vit un nécrophore occupé à creuser laborieusement une fosse auprès du corps d'une souris morte. Mais le terrain sec et dur offrant trop de résistance, l'insecte changea soudainement de manœuvre, se transporta à quelques mètres, et là, ayant trouvé une terre plus meuble, plus facile à creuser, il se remit à l'œuvre. En quelques instants la tombe fut préparée. Le nécrophore revint à la souris et essaya, mais en vain, de la transporter, de la traîner. Voyant que ses efforts étaient impuissants, il prit son vol et disparut dans l'espace. Le savant ne comprenait rien à cette fuite; il attendit pourtant, voulant à tout prix avoir le mot de l'énigme. Il vit bientôt revenir l'infatigable travailleur, accompagné de quatre de ses frères, et tous les cinq, ayant réuni leurs efforts, amenèrent facilement la souris auprès de la fosse, où ils la précipitèrent. Cette besogne terminée, les quatre aides nécrophores s'en retournèrent à leurs occupations interrompues; le propriétaire seul resta, se cacha en terre, et jouit tranquillement de son aubaine.

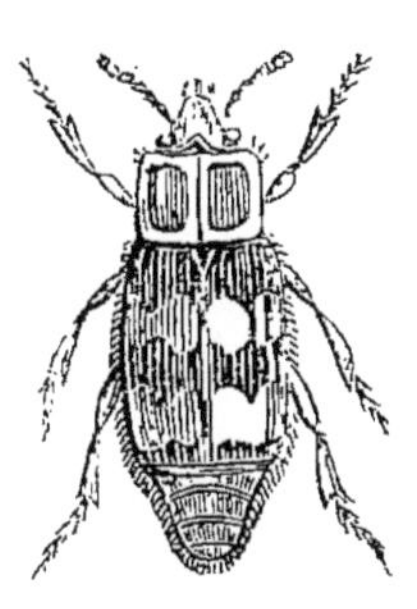
Nécrophore fossoyeur.

C'est encore parmi les coléoptères que je vais trouver un autre exemple d'intelligence, et c'est chez un insecte très-commun et que vous connaissez, le *bousier*...

JOSEPH. — Quoi! cet insecte si dégoûtant?

LE MAÎTRE. — Oui, cet insecte qui, malgré tout le dégoût qu'il peut vous inspirer, n'en jouissait pas moins, chez les Égyptiens, d'une certaine vénération, car il y était honoré comme image du soleil.

CHARLES. — Je ne vois pas du tout en quoi le bousier ressemble au soleil!

Le Maître. — La femelle, au moment de sa ponte, prépare de petites boulettes de fumier dans lesquelles elle place ses œufs, et qu'elle dépose ensuite dans des bouses de vache ou des crottins. Ces œufs éclos donnent pour ainsi dire la vie aux crottins...

Charles. — Je comprends, Monsieur ; c'est comme le soleil, qui donne la vie à la terre en la fécondant, en la rendant fertile.

C'est singulier comme avec la réflexion on arrive à comprendre les choses qui, au premier abord, paraissent inexplicables !

Le Maître. — Réfléchissez donc. — Je continue.

Un jour donc, et de même que M. Clairville, les entomologistes Kirby et Spence aperçurent une femelle bousier travaillant activement à la préparation de ses boulettes. L'une d'elles étant formée, l'insecte la traîna au haut d'une petite élévation et, à plusieurs reprises, la fit rouler au bas, afin de l'affermir, de la rendre solide.

Mais voilà que, chose non prévue probablement, la boulette tombe dans une cavité assez profonde. Le malheureux insecte fait tous ses efforts pour la retirer, mais inutilement ; alors fatigué, épuisé, haletant, il semble réfléchir. Il laisse la boule, va chercher à un fumier voisin trois de ses amis, qui s'empressent de lui venir en aide, descendent avec lui dans la cavité, poussent la boule, la poussent encore, et finissent par la ramener sur le sol.

Joseph. — Je vous remercie, Monsieur ; le bousier ne m'inspirait que du dégoût, il a gagné dans mon esprit. L'anecdote que vous venez de nous dire m'a montré que non-seulement il est intelligent, mais encore charitable : c'est le meilleur titre à notre sympathie.

SIXIÈME CAUSERIE

LE GRIMPEREAU.

Le Maître. — A l'article grimpereau, je trouve dans Buffon :

« Le grimpereau est presque aussi petit que le roitelet, et, comme lui, presque toujours en mouvement ; mais tout son mouvement, toute son action porte, pour ainsi dire, sur le même point ; il reste toute l'année dans le pays qui l'a vu n'aître ; un trou d'arbre est son habitation ordinaire ; c'est de là qu'il va à la chasse des insectes, de l'écorce et de la mousse ; c'est aussi le lieu où la femelle fait sa ponte et couve ses œufs. Belon a dit, et presque tous les ornithologistes ont répété, qu'elle pondait jusqu'à vingt œufs, plus ou moins ; il faut que Belon ait confondu cet oiseau avec quelqu'autre petit oiseau grimpant, tel que la mésange ; pour moi, je me crois en droit d'assurer, d'après mes propres observations, et celles de plusieurs naturalistes, que la femelle du grimpereau pond ordinairement cinq œufs, et presque jamais plus de sept ; ces œufs sont cendrés, marqués de points et de

Grimpereau.

traits d'une couleur plus foncée, et la coquille en est un peu dure. On a remarqué que cette femelle commençait sa ponte de fort bonne heure au printemps ; et cela est facile à croire, puisqu'elle n'a point de nid à construire, ni de voyage à faire. »

Dans Valmont de Bomare, je lis :

« Le grimpereau est un peu plus grand que le pinçon, et presque droit ; il a le bec noir et rond, la tête et les yeux forts petits, le plumage plombé, une tache blanche au bout de la queue, et une autre d'un rouge châtain sous le ventre et à la gorge ; les pieds de couleur bleuâtre, les doigts longuets, les ongles crochus et noirs. Il grimpe et descend le long des arbres, et les creuse à la manière du pic.

« Quand cet oiseau trouve un grand trou dans un arbre où il veut faire un nid, il le ferme très-industrieusement avec du limon ou de la terre, qu'il gâche, en n'y laissant qu'une petite entrée. »

Enfin, voici ce que dit M. Holandre :

« Les grimpereaux sont, en général, de forts petits oiseaux, dont la plupart sont parés des plus vives couleurs ; ils vivent d'insectes et de leurs larves, qu'ils vont chercher sous l'écorce des arbres, dans leurs gerçures et sur leurs feuilles ; ils grimpent avec beaucoup de légèreté en tous sens, et dans toutes les directions, au moyen de leurs ongles aigus, qui trouvent des points d'appui sur l'écorce la plus lisse.

« On trouve dans les pays chauds un grand nombre d'espèces de grimpereaux ; mais ils sont rares dans les régions septentrionales. Nous n'en avons que deux espèces en Europe. »

On le voit, ces trois auteurs, sans contredit des autorités en histoire naturelle, sont, sauf en ce qui concerne la taille, parfaitement d'accord. Mais je ne connais pas l'oiseau dont ils parlent, et j'ai tout lieu de croire qu'il n'existe pas en Lorraine. Voici du reste la description et les habitudes de notre grimpereau, que tout le monde connaît. Chacun de vous pourra juger qu'il ne ressemble en rien à celui de ces trois naturalistes.

Il est de la taille de l'alouette. Le fond de son plumage est un gris cendré, de la même nuance à peu près que le ventre du moineau. Il a le bec noir, de la force de celui du verdier, la tête entièrement noire, la gorge et la poitrine gris-pâle, les ailes gris-noir, et la queue gris-cendré, tirant légèrement sur le roux. Les pattes sont grêles et noirâtres. Il arrive chez nous vers la fin de mars et nous quitte fin septembre. Il se tient habituellement dans les taillis de trois à quatre ans, où il niche dans les buissons, à la hauteur d'un mètre. Son nid, formé de petites branches de bois assez grossièrement entrelacées, ressemble à celui du bouvreuil ; seulement l'intérieur en est moins doux, car il n'est formé que de branches un peu plus menues que celles de l'extérieur.

Le grimpereau ne chante presque pas, mais il a une sorte de gazouillement fort agréable.

Il se nourrit d'insectes, de vers, de cloportes et de guêpes. Vers la fin d'août, il s'approche de nos habitations. On le voit alors courir sur les bords des chemins, se poser sur les taupinières, les petits buissons, grimper sur le tronc de nos arbres fruitiers pour y chercher les cadavres d'insectes, les œufs des papillons, les fourmis et les vers.

Tels sont les mœurs et les caractères de notre grimpereau, le seul du moins que je connaisse et dont m'aient entretenu les oiseleurs de ma connaissance.

LA GRIVE.

LES GROS VERS MOLLASSES.

Le ciel se couvre de sombres nuages, déjà le tonnerre gronde dans le lointain. Le vent souffle avec violence, courbe, brise, déracine les arbres. Les animaux effrayés fuient, égarés, éperdus. Écoutez, dans ces courts intervalles de calme que laisse l'orage ; n'entendez-vous pas les cris perçants d'une voix railleuse, ironique, qui semble braver la fureur de la tempête ? Regardez alors sur l'une des branches les plus élevées du chêne qui vous abrite ; cherchez bien des yeux ; fouillez partout, il y a là une grive ; c'est elle que vous avez entendue.

Émile, mon enfant, n'avez-vous rien à nous apprendre sur ce chanteur de nos forêts ?

Émile. — La grive paraît avoir à un assez haut degré le talent de l'imitation. Bien souvent, dans nos promenades, je l'ai entendue imiter le ramage du geai, du merle, du loriot et même des petits oiseaux, et sa voix railleuse m'a toujours beaucoup amusé.

La grive est l'auxiliaire le plus zélé du cultivateur. Elle détruit par millions dans une année des insectes nuisibles ; c'est elle qui s'attaque avec acharnement à ces gros vers mollasses qui, en raison même de leur grosseur, sont à l'abri des atteintes des oiseaux à bec fin. De plus, comme l'étourneau, elle débarrasse nos semailles d'hiver et nos pommes de terres des limaces et des escargots qui causent souvent de si grandes pertes aux cultivateurs. Il est vrai qu'elle attaque parfois les raisins de nos vignes ; mais c'est un petit vol, comparé aux services qu'elle nous rend.

Le Maître. — La grive quitte rarement les bois : quelquefois pourtant, dans les moments de grandes neiges, elle s'approche de nos jardins. Elle s'y nourrit alors de cadavres d'insectes qu'elle trouve au pied des arbres.

Tous ces titres doivent suffire, mes enfants, pour que nous regardions la grive comme une des bonnes et utiles créatures de Dieu.

LE GROS-BEC.

LE CŒUR DES OISEAUX. — GOUTS SIMPLES D'UN GRAND HOMME. LES MARIONNETTES.

Les Arabes, dans leur style imagé, ont appelé le lion *le seigneur à la grosse tête :* c'est un témoignage de respect rendu à la force unie à la magnanimité. A l'exemple de ces bardes du désert, et pour une raison analogue, nous aurions dû appeler *oiseau à grosse tête,* ou simplement *grosse tête,* l'oiseau généralement connu sous le nom immérité de gros-bec; je dis immérité, parce que son bec n'a que les dimensions voulues pour la tête; c'est la tête seulement qui est relativement trop grosse pour le corps.

Gros-bec.

C'est aussi une bonne créature qui ne nous rend pas d'immenses services, puisque c'est seulement dans ses moments de disette, c'est-à-dire lorsque les baies de fruits sauvages, dont il fait sa nourriture ordinaire, lui manquent, qu'il cherche, comme le grimpereau, les insectes qui se logent dans les gerçures des arbres; mais qui ne nous fait de tort qu'en nous mangeant quelquefois quelques noyaux de cerises. Je dis quelques noyaux de cerises; car il ne touche aux cerises que pour en manger les noyaux.

C'est tout ce que j'ai à vous dire du gros-bec...

Vous devez remarquer, mes enfants, que je m'étends en général assez peu sur l'histoire des oiseaux qui habitent les bois, parce que, s'ils nous servent, c'est moins directement que ceux de nos jardins, et que, de plus, ils sont moins exposés à être victimes de la main des dénicheurs.

Alexis. — N'auriez-vous pas, Monsieur, une petite histoire à nous raconter? Le grimpereau, la grive et le gros-bec ne nous ont guère amusés.

Le Maître. — Mon cher enfant, il devrait vous suffire que ce que je vous en ai dit vous ait instruits... Toutefois et pour vous faire plaisir. je vais vous raconter une anecdocte que j'ai lue dans un bouquin que j'ai hérité de mon grand-père. Cette anecdote vous fera voir que bien des hommes supérieurs n'ont pas dédaigné de s'occuper de nos chers oiseaux, non pas en naturalistes, comme Buffon, mais en curieux, comme nous.

Dans une petite chambre obscure, noirâtre, d'un aspect triste, de l'une des vieilles maisons de la rue Saint-Honoré, à Paris, dans le courant du mois de mai de l'année 1810, deux hommes assis en face l'un de l'autre causaient familièrement. L'un était M. Français, de Nantes, que l'Empereur avait choisi en 1805, moins à cause de ses hautes capacités que pour son extrême bonté, pour organiser l'administration des contributions indirectes; M. Français, en cette circonstance, comme en une foule d'autres, se montra en tous points digne de la mission que l'Empereur lui avait confiée, et accueillit avec une délicatesse exquise toutes les infortunes honorables, qu'il dirigea ensuite avec une bienveillance toute paternelle. L'autre était un jeune homme, sous-chef, travailleur infatigable, mais qui n'arrivait jamais à son bureau qu'à une heure et quelquefois plus tard.

— Monsieur, disait M. Français au jeune homme, vous êtes tout jeune encore ; vous êtes à l'âge où il faut s'efforcer de rompre avec ses mauvaises habitudes et travailler activement à en contracter de bonnes. Vous en possédez déjà quelques-unes de très-précieuses chez un homme de bureau ; vous êtes un excellent travailleur, et je n'ai qu'à vous féliciter sous ce rapport ; mais il vous manque une qualité essentielle pour réussir chez nous, comme dans une administration quelconque : vous n'arrivez pas exactement aux heures que vous prescrit votre règlement. Je sais bien que votre besogne n'en souffre pas, car vous réparez bien vite par votre habileté les heures dérobées ; mais, avouez-le, c'est là un funeste exemple pour vos employés, un exemple contagieux. Voyons, mon ami, ne voyez pas en moi, en ce moment, votre directeur général, voyez un ami. Dites-moi, ne pourriez-vous, en vous gênant un peu, arriver à dix heures comme tout le monde ?

— Monsieur le comte, je vous remercie de votre bienveillance ; mais je vous assure qu'il n'y a rien de ma faute. Je demeure si loin !

— Mon ami, c'est là une raison que je ne puis admettre. Mais enfin où demeurez-vous donc ?

— A la barrière Blanche, et de là à la rue Saint-Honoré, il y a deux lieues.

— Je reconnais avec vous que c'est loin, en effet ; mais pourquoi, diable, allez-vous loger à la barrière Blanche ?

— Là, je demeure avec ma vieille mère et ma jeune sœur, monsieur le comte, et je suis mieux qu'en ville.

— Sous ce rapport encore, mon enfant, je n'ai qu'à vous louer : on n'est jamais aussi bien qu'avec sa vieille mère ; mais toujours cela est étranger au règlement. Je veux bien cependant, à cause de votre bonne mère et de votre sœur, fermer un peu les yeux ; partez un peu plus matin, arrivez à onze heures, et je ne vous verrai pas.

— Monsieur le comte, vous êtes si bon que je veux vous parler en toute confiance : je sors de chez moi à huit heures, et j'ai donc tout le temps d'arriver; mais je dois vous avouer une faiblesse : si malheureusement sur mon chemin se trouve un magasin de caricatures, je ne puis passer sans m'y arrêter, bien souvent plus longtemps que je ne le voudrais, je vous le jure; mais il m'est tout à fait impossible de passer sans regarder.

— C'est là une faiblesse bien innocente, et je n'ai pas le courage de vous en blâmer, car il y en a parfois de si comiques qu'il faudrait être un des sages de l'ancienne Grèce pour ne pas en rire; mais dans une heure on peut déjà en voir beaucoup pourtant.

— Oui, monsieur le comte, et je n'y mets pas une heure; mais sur ma route se trouve le café Anglais, où mes amis m'appellent pour déjeuner.

— A cela, je n'ai rien à dire encore : car déjeuner au café Anglais ou au bureau, l'un vaut l'autre, et le temps passe également. Mettons donc encore une heure pour déjeuner, et arrivez à midi. C'est beaucoup vous accorder. L'Empereur ne vous en donnerait pas autant, ajouta M. Français en souriant.

Ce sourire encouragea le jeune sous-chef.

— Monsieur le comte, répondit-il, je ne suis pas une demi-heure pour déjeuner; je me dépêche.

— Alors que faites-vous donc? Rencontrez-vous encore des étalages de caricatures ?

— Non, monsieur le comte ; mais j'ai une autre faiblesse, et tellement ridicule que je n'ose l'avouer.

— Diable! diable ! je ne sais vraiment alors comment vous pouvez arriver à une heure; dites toujours.

— A côté du café Anglais se trouve le fameux marchand d'oiseaux, Sornet. Eh bien, en sortant de déjeuner, j'ai beau me dire que l'heure est passée, je ne puis m'empêcher de jeter les yeux sur les volières; alors je reste fixé sur place. Je passerais des journées entières à regarder voleter, se poursuivre, tous les hôtes de ces volières. Souvent je ne comprends pas moi-même non plus comment je puis arriver à une heure.

Pendant que le jeune homme parlait d'oiseaux, M. Français le regardait avec amour.

— Quelles ravissantes créatures, n'est-ce pas donc, que les oiseaux? C'est mon bonheur aussi à moi de les voir. Quelle grâce aussi dans leurs mouvements, et quelle bonté de cœur, Monsieur! Mais en quittant les volières de Sornet, ne longez-vous pas le boulevard Montmartre, et ne passez-vous pas devant les marionnettes de Guignol?

— Monsieur le comte, je n'osais vous parler de ce dernier ridicule!

— Comment, malheureux! ce dernier ridicule!...

— Soyez indulgent, monsieur le comte; je dois vous le dire encore, Polichinelle m'attire invinciblement, comme les oiseaux, comme les caricatures, et j'y reste une demi-heure, une heure quelquefois.

— A quel moment donc vous arrêtez-vous à voir Polichinelle? Je ne vous y ai jamais aperçu.

— Presque toujours à midi. Vous y allez aussi, monsieur le comte?

— Tous les jours régulièrement, à deux heures; voilà pourquoi nous ne nous sommes jamais rencontrés. Hier j'y étais encore avec Cambacérès, François de Neufchâteau et Boulay (de la Meurthe). N'est-ce pas donc que c'est ce qu'il y a de plus divertissant dans Paris?

— Oh! bien certainement, monsieur le comte; mais vous ne savez pas, il y a un nouveau chat.

— Un nouveau chat ! depuis quand donc ?

— Depuis ce matin seulement ; je l'ai vu en passant ; l'autre est mort : Polichinelle l'a trop battu.

— Pauvre bête. Il était bien intelligent pourtant. J'irai voir le nouveau aujourd'hui même.

— Oh ! mais, il ne sait pas son rôle ; il ne veut, ni se laisser battre, ni faire le mort, ni se laisser emporter.

— C'est égal, ce doit être amusant.

Et le directeur et son sous-chef causèrent une heure encore de l'esprit du chat défunt de Polichinelle. Puis, M. Français ayant regardé la pendule : il est trois heures, dit-il, si vous retourniez à votre bureau, on s'apercevrait plus que jamais de votre retard ; en n'y allant pas, on ne remarquera pas votre absence ; et pendant l'heure qui nous reste, puisque vous aimez aussi les oiseaux, si cela ne vous dérange pas trop, nous retournerons chez moi et je vous montrerai mes volières.

Et le directeur et son sous-chef partirent les deux meilleurs amis du monde. Ils arrivèrent bientôt chez M. Français, qui demeurait alors rue de la Monnaie. Le directeur général introduisit son jeune employé dans un vaste salon tout rempli d'oiseaux empaillés ; là ils reprirent leur conversation.

— Vous voyez, dit M. Français, que je possède tout aussi bien que Sornet un spécimen des richesses ornithologiques des cinq parties du monde. Seulement, mes oiseaux, à moi, sont empaillés ; vous comprenez que mes occupations ne me permettraient pas de soigner moi-même tout une ménagerie semblable. — Pourtant j'ai ici, dans une seule volière assez vaste, vous voyez, une demi-douzaine d'invalides, à qui j'ai sauvé la vie, et certes dans des moments où ils avaient fort besoin d'un sauveur, et qui ne savent, les tendres créatures, comment me témoigner leur reconnaissance. Vous allez voir, approchez-vous avec moi. Les pauvres mutilés reconnaissent déjà en vous un ami, car ils n'ont pas peur. Écoutez maintenant, je vais siffler un peu.

M. Français fit, en effet, entendre un petit sifflement doux, traînard, que nous pourrions orthographier *stt, stt*, et aussitôt les oiseaux invalides, comme il disait, se mirent à s'agiter joyeusement, à battre des ailes, à donner enfin toutes les démonstrations du bonheur que l'on éprouve à la vue d'un être chéri et absent depuis de longues heures.

— Mon ami, reprit l'excellent directeur général, n'estimez-vous pas ce plaisir comparable à ceux de la vie agitée du monde ? Mais vous ne comprenez encore que la moitié du tableau. Vous connaissez tous ces oiseaux, n'est-ce pas ?

— Oh ! oui, monsieur le directeur : voici un bec-croisé, un gros-bec, un bruant, un pinson, trois fauvettes, un rossignol, un troglodyte.

— Allons, je vois que vous profitez, en effet, de vos stations clandestines devant l'étalage de Sornet. N'êtes-vous pas un peu étonné de trouver dans une même volière, vivant de la même vie pour ainsi dire, des oiseaux de mœurs si différentes ?

— C'est ce que j'allais vous faire remarquer, monsieur le comte.

— Eh bien, c'est là la seconde partie du tableau dont je vous parlais et que je vais vous expliquer.

Remarquez-vous cette petite fauvette à tête noire , perchée dans son coin ? Elle est aveugle ; les deux autres, qui volent si gaies, dans leur prison pourtant, sont ses parents. L'année dernière, en me promenant dans un jardin que j'ai à la barrière de Clichy, j'aperçus dans un de mes groseilliers un nid de fauvettes ; je m'approchai avec toutes les précautions d'un connaisseur, et je fus tout étonné de voir dans ce nid une fauvette toute couverte de plumes, grande comme père et mère, disent les enfants.

A peine étais-je installé à mon poste d'observation que je vis arriver à tire d'ailes les parents apportant la becquée. Comme j'étais complétement caché dans le feuillage, ils ne m'aperçurent pas et repartirent à la chasse sans s'être doutés de ma présence. Aussitôt qu'ils eurent disparu donc, je m'approchai de nouveau du nid sans faire le moindre bruit; j'examinai attentivement le grand nourrisson et, à mon extrême surprise, je crus reconnaître qu'il était aveugle. Je le saisis alors vivement, de crainte de le voir s'échapper malgré son infirmité. Je ne m'étais pas trompé : le malheureux enfant était, en effet, privé de la vue, le plus précieux don qu'ait fait le Créateur à tous les êtres. Que pouvais-je faire en pareille occurrence? Je m'avisai donc de prendre le père et la mère de la jeune fauvette, ce qui ne me fut pas difficile. Je les mis dans cette volière, et depuis cette époque ils n'ont cessé, comme vous le voyez, de prodiguer à l'affligé les soins les plus tendres, les prévenances les plus délicates, en lui apportant régulièrement à manger, comme une bonne et tendre mère fait à son fils débile et infirme.

Ce trait, vous le comprenez, parce que vous connaissez les oiseaux, est d'autant plus surprenant que la fauvette vit difficilement en cage, et qu'elle s'y laisse mourir de faim lorsqu'on la prend à l'époque où elle élève sa famille : c'est là, Monsieur, un exemple admirable de la tendresse maternelle. Vous aimez votre bonne mère, je n'en doute pas, et je l'ai deviné, cette après-dînée; moi, j'adorais la mienne; mais ni vous ni moi ne serions capables d'accomplir les sacrifices de dévouement dont nous avons été l'objet de leur part.

A côté de la petite fauvette frappée de cécité par la nature ou par une cause qui nous échappe, vous voyez un rossignol, le plus admirable chanteur que j'aie entendu, et frappé, lui, d'*aveuglement* par la main barbare d'un marchand d'oiseaux qui me l'a vendu, Dieu sait combien, et que j'ai acheté pour continuer avec mes fauvettes mes études sur le cœur des oiseaux. Vous savez que les oiseaux aveuglés sont toujours vendus avec leur cage, dans laquelle ils sont habitués à trouver sans tâtonnement les choses nécessaires à leur vie, qui n'est plus qu'un martyre perpétuel. Moi, j'ai voulu opérer différemment : j'ai placé mon rossignol à côté de ma fauvette aveugle. Mes deux autres fauvettes, mâle et femelle, se sont d'abord effarouchées ; puis, voyant que le nouveau venu ne donnait aucun signe d'une nature mauvaise, ils se sont apaisés insensiblement, se sont approchés, ont paru reconnaître que, de même que leur nourrisson, le misérable rossignol était aveugle, et ont pratiqué pour lui ce que nous ne faisons pas toujours pour nos frères malheureux, la fraternité du malheur : ils ont été ses pourvoyeurs. Ce n'est plus là de la tendresse maternelle, c'est de la charité évangélique, sans faste, sans ostentation...

Enfin, dans cet autre coin se trouve un troglodyte qui, comme Miphiboseth, est boiteux des deux jambes, et qui a trouvé chez moi, sinon les grandes qualités, les vertus sublimes, au moins la table hospitalière du saint roi David. Celui-là est un vieillard, un paralytique que j'ai hérité d'une vieille tante, et que j'ai voulu donner aussi pour pensionnaire à mes fauvettes; mais, cette fois, elles ont refusé de pourvoir aux besoins d'un frère qui voyait des deux yeux tout comme elles ; elles n'ont pas compris sans doute ses infirmités cachées, ou lui-même n'a pas su les leur faire comprendre. Je l'ai donc logé ailleurs, et c'est moi-même qui lui apporte sa nourriture.

Le bec-croisé a été pris dans les montagnes des Vosges et m'a été envoyé par un de mes amis. Vous voyez qu'il n'a qu'une jambe; mais, tout boiteux qu'il est, il est toujours d'une gaieté folle ; il a pris la viè sous son beau côté, et montre en tout une philosophie inaltérable; c'est, du reste, le meilleur cœur du monde, et chaque fois qu'il me voit partir, il jette un petit cri qui est comme un adieu d'un bon ami, et qui semble me dire de revenir bientôt, ce que je devine à la joie que lui cause mon retour.

Quant au bruant, au gros-bec et au pinson, ils possèdent, eux, toutes leurs facultés physiques et morales, et si je les laisse dans cette sorte d'hospice ornithologique, c'est tout simplement pour reconnaître leur douceur, leur mansuétude, leur grandeur d'âme, dignes certainement d'entrer en ligne de comparaison avec les plus beaux exemples que cite l'histoire à notre admiration... Tous trois armés de becs formidables, d'un vol puissant, de muscles forts et solides, ils pourraient être la terreur de ma volière; ils pourraient tous les trois mettre le pillage, la désolation chez leurs frères mutilés; ils n'en font rien, ils en seraient les protecteurs au besoin. Ils se contentent de la part que j'assigne à chacun d'eux, sans jamais toucher à celle des voisins, sans s'approcher même des mangeoires des fauvettes, du rossignol, du troglodyte.

Voilà toute ma collection d'oiseaux vivants; c'est, vous le voyez, une véritable école de morale, de confraternité, de charité.

Une autre fois, quand nous aurons quelques heures de liberté, je vous ferai également l'histoire de mes oiseaux empaillés; ce sont là des études dont on retire toujours quelque profit, ne fût-ce que celui d'admirer les œuvres de Dieu. Il arrivera un jour, Monsieur, croyez-moi, où le gouvernement protégera de ses lois, contre la barbare destruction dont ils sont l'objet, ces êtres aimables, chez qui tout est qualité, et qui de plus sont pour nous des serviteurs sans gages, sans appointements ; car vous ne devez pas ignorer les services qu'ils nous rendent, par la consommation terrible qu'ils font des insectes nuisibles à nos récoltes, dans nos champs, dans nos jardins, dans nos bosquets.... Ne trouvez-vous pas, mon ami, que nous avons passé une après-dînée délicieuse ?

— Oh ! bien heureuse, monsieur le comte.

— Seulement, n'en parlez à personne, l'Empereur se fâcherait peut-être. Mais non, ajouta en souriant le brave directeur, l'Empereur est bon ; comme nous, il aime les joies pures, les joies de la famille, et il rira bien quand je lui raconterai notre conversation.

— Vous lui direz cela, monsieur le comte ; mais je serai perdu alors ?

— Non, mon enfant, au contraire, je lui dirai votre tendre attachement pour votre mère et votre sœur, et il en sera charmé, j'en suis sûr, car il tient, je vous le répète, aux affections de famille. Mais il est cinq heures ; je n'ai plus que le temps, si je veux arriver près des marionnettes avant la nuit. Aussi je vais vous quitter : n'oubliez pas que la discrétion est une grande vertu.

— Je n'oublierai aucune de vos paroles, monsieur le directeur ; mais je vous prierai d'user encore de toute votre indulgence, si j'arrive un peu tard au bureau.

— Ne craignez rien ; arrivez à midi, je ne le saurai pas. N'oubliez pas non plus qu'il faut de la modération en tout, surtout dans le plaisir.

Tel était M. Français, de Nantes....

Maintenant, mes enfants, revenons à nos oiseaux, et voyons comment l'hirondelle nous est utile... Mais je m'aperçois que l'heure s'avance et que le temps ne nous permettra pas de nous en occuper aujourd'hui. Nous en ajournerons donc l'histoire à notre prochaine causerie.

SEPTIÈME CAUSERIE.

LE MAÎTRE. — Mes enfants, mes occupations ne m'ont pas permis de préparer notre causerie d'aujourd'hui. Je ne vous parlerai donc que de l'hirondelle, que nous devions voir déjà à notre précédente réunion, mais dont nous n'avons pu nous occuper faute de temps. En revanche, je vous promets une histoire bien longue et bien intéressante, une histoire comme vous les aimez.

Mais voyons d'abord l'hirondelle.

L'HIRONDELLE.

LE CHLOROPS. — LE CHARMEUR D'OISEAUX. — LA VILLE DES FOUS.

L'une de vous peut-être est née
Au toit où j'ai reçu le jour;
Là, d'une mère infortunée,
Vous avez dû plaindre l'amour.
Mourante, elle croit à toute heure
Entendre le bruit de mes pas;
Elle écoute, et puis elle pleure :
De tant d'amour ne me parlez-vous pas?

BÉRANGER (*les Hirondelles*).

LE MAÎTRE. — L'hirondelle est un oiseau essentiellement insectivore. Elle vit de ces milliers de petits insectes dont les légions sillonnent l'espace, tels que les cousins, les mouches, les cigales, les insectes aquatiques, qu'elle prend au vol et comme en se jouant dans l'air.

JOSEPH. — Ce doit être l'oiseau le plus utile à l'agriculture; car tout le monde l'aime, et on se garde bien de détruire son nid.

Le Maître. — Votre observation, mon enfant, n'est pas d'une exactitude rigoureuse, et pour vous le montrer, je n'aurai qu'à vous rappeler ce que j'ai dit des insectes à notre première causerie : c'est que ces petits êtres passent par trois états différents, dont le dernier est celui d'insecte parfait. Sous cet état, très-peu d'entre eux sont nuisibles, car la plupart ne mangent pas. Or, l'hirondelle ne détruit que des insectes parfaits, c'est-à-dire des êtres inoffensifs par eux-mêmes, mais qui pourtant nous nuiront plus tard par les générations auxquelles ils donneront naissance. Ainsi donc, comparativement, l'hirondelle nous sert moins efficacement que la fauvette, le grimpereau, qui mangent les larves ou les œufs d'où ces larves doivent sortir. Cependant, vous le comprenez, l'hirondelle n'en est pas moins très-utile, puisqu'elle empêche la reproduction de ces êtres nuisibles.

Hirondelle.

Joseph. — Et à quel insecte fait-elle la chasse particulièrement ?

Le Maître. — C'est aux charançons, que vous connaissez, et surtout à un insecte que les cultivateurs appellent *le ver du blé* et dont le nom scientifique est *chlorops*, mot tiré du grec et qui signifie : *yeux verts*. Insecte parfait, le chlorops a, en effet, deux gros yeux d'un vert foncé brillant. Ce ver se transforme en mouche, et c'est sous cet état d'insecte parfait que l'hirondelle le détruit. Cette mouche n'est pas très-sensible au froid ; celles donc qui ont pu échapper à l'hirondelle déposent un œuf seulement à l'intérieur de chaque jeune tige de blé, presque aussitôt qu'elle est sortie de terre. Cet œuf donne au printemps suivant un petit ver blanc qui, dès l'instant de sa naissance, comme la tordeuse du pin, se met à ronger l'intérieur de la plante qui lui a servi de berceau. Cette plante continue à croître, mais la présence du ver empêche l'épi de se former, de sorte que la plante ne donne de produit qu'en paille, ce que le cultivateur appelle un produit nul.

Chlorops (très-grossi).

C'est à cause de ces dégâts causés par l'insecte que les naturalistes ont ajouté à son nom celui de *pumilionis*, tiré du latin et qui veut dire : *qui rend nain*. Vous voyez que, sans être un des premiers aides agricoles, l'hirondelle nous rend, par ses services, une partie du bien que nous lui faisons en protégeant ses petits.

A ces qualités elle en joint d'autres aussi précieuses, et que vous reconnaîtrez sans peine dans les trois faits que je vais vous citer.

Voici le premier.

Folâtrant dans l'espace, libre, capricieuse, vagabonde, une hirondelle s'était pris la patte à un fil attaché à une gouttière du collége des Quatre-Nations, et malgré tous ses efforts, ses élancements, elle restait suspendue, ne pouvant ni briser le fil, ni s'échapper.

Bientôt à ses cris désespérés ses sœurs arrivent par

milliers, l'entourent, cherchent la cause de la captivité de l'étourdie, puis semblent se concerter et mûrir un plan de délivrance. Après quelques minutes d'un conciliabule bruyant, elles s'éloignent toutes, puis reviennent successivement donner en passant un coup de bec au fil maudit. Bientôt la prisonnière est délivrée et rendue au vaste champ de l'air.

Voici le second fait.

Revenu des plages brûlantes de la zone torride, un couple d'hirondelles avait trouvé son nid occupé par un couple de moineaux. Les pierrots, par entêtement et sans doute aussi par calcul, s'obstinaient à garder le bien d'autrui. Une troupe d'amies du couple dépossédé étaient en vain venues à son secours : ni coups de bec, ni coups d'ailes, n'avaient pu faire déloger les usurpateurs. Que firent les hirondelles ? Changeant subitement de tactique, elles apportèrent chacune une becquée de mortier, et en quelques heures fermèrent l'ouverture du nid. Ce n'est pas là tout à fait de la charité fraternelle; mais c'est au moins de l'esprit de famille.

Enfin voici le troisième.

Un bâtiment russe était en rade dans un port de la mer Noire. Deux hirondelles, voyant constamment les marins aller et venir sur le pont, crurent, dans leur naïveté d'oiseau, que c'était là une demeure fixe comme toutes celles qu'elles avaient vues chez toutes les nations, dans leur vie aventureuse.

On était au printemps. Trouvant les lieux commodes, l'air peuplé d'insectes, elles pensèrent ne pouvoir mieux faire que de construire leur nid sous la fenêtre de la cabine du capitaine.

Les gens dont la vie est une longue suite de périls toujours renaissants, comme les marins, sont en général superstitieux : le nid des hirondelles fut regardé comme un présage heureux, et entouré d'une sorte de vénération.

La femelle pondit cinq œufs, et les petits ne tardèrent pas à éclore. Les marins étaient heureux de voir la tendre sollicitude du père et de la mère pour leur jeune famille, faibles et impuissantes créatures qui leur coûtaient bien des peines et pourtant qu'ils chérissaient tant. Mais le vaisseau reçut l'ordre de partir ; il fallut lever l'ancre... Quelles terribles angoisses pour les malheureux parents! Ils hésitèrent longtemps ; mais le vaisseau partait, marchait, fuyait sur la mer... Que ne peut l'amour maternel!... Ils suivirent par la voie de l'air le berceau de leur famille chérie. Mais cette famille était affamée, et les insectes aquatiques avaient disparu.

De temps à autre pourtant, ils s'envolaient à terre chercher cette nourriture que réclamaient les jeunes, sans avoir conscience de la longueur du voyage. Puis ils revenaient au vaisseau.

Mais la famille appelait de nouveau:..

C'était un spectacle attendrissant que ces pauvres oiseaux harassés de fatigue, haletants, se sacrifiant pour leurs petits.

La terre avait disparu depuis longtemps déjà, qu'ils allaient encore y chercher leur pâture. Mais une fois ils revinrent si fatigués, qu'ils se laissèrent tomber sur le pont, sans force, sans vie.

Ils avaient accompli leur devoir jusqu'à la mort.

JOSEPH. — Est-ce bien vrai, Monsieur, que ce sont toujours les mêmes hirondelles qui reviennent reprendre possession de leurs nids au printemps ?

LE MAÎTRE. — Il n'y a aucun doute là-dessus, mon enfant. Bien des personnes se sont assurées de ce merveilleux instinct qui les guide à travers les espaces sans bornes de la mer, et jamais les hirondelles n'ont fait erreur. On a même dit qu'un cordonnier de Bâle, ayant pris dans sa cuisine un des hôtes de sa cheminée, lui attacha un petit collier sur lequel il avait écrit :

Hirondelle,
Qui est si belle,
Dis-moi, l'hiver où vas-tu ?

que le printemps suivant, l'hirondelle étant revenue à son nid, il la prit de nouveau, et lut sur le collier :

A Athènes,
Chez Antoine.
Pourquoi t'en informes-tu ?

Maintenant, mes enfants, si vous n'avez plus de questions à me faire, je vais commencer immédiatement l'histoire que je vous ai promise, car, je vous l'ai dit, elle est un peu longue.

Émile. — Oh, Monsieur, racontez-nous cette histoire.

Tous. — Oui ; l'histoire, l'histoire !

Le Maitre. — Eh bien ! mes enfants, je commence.

LA VILLE DES FOUS.

Entre le Brabant septentrional, la province de Limbourg et la campagne environnant Anvers, se trouve une vaste étendue de terres arides, d'un aspect sauvage, couvertes de bruyères, de joncs, de mousse et de laiches, qui attristent l'âme et rappellent au voyageur égaré dans leurs solitudes les déserts sans limites de l'Arabie pétrée : c'est la Campine, province déshéritée qui, à part deux ou trois petites villes, Hoogstracten, Herenthals et Turnhouth, ne renferme que de misérables villages, habités par des paysans grossiers, sales et pauvres comme les landes du pays. C'est la nature primitive dans toute sa nudité, sans aucune trace de civilisation : point de culture, point de routes, point de chemins ; du sable, des bruyères, et rien que cela !

En 1845, un jeune voyageur parisien, arrivé depuis peu à Turnhouth, voulut un jour, après avoir copieusement déjeuné, se donner le plaisir d'une promenade dans l'inconnu, dans le désert. Il s'aventura dans les plaines de Turnhouth, sans guide et se livrant entièrement au hasard. Il marcha ainsi plusieurs heures au milieu de cette nature désolée, sans rencontrer aucune créature. Puis tout à coup il s'arrêta, surpris, enchanté. Il venait d'apercevoir, à quelque distance, une espèce de hameau composé de quelques masures délabrées, lézardées, il est vrai, et recouvertes seulement en chaume, mais qui n'en attestaient pas moins la présence de créatures humaines. Au même instant, il vit s'avancer vers lui une sorte de squelette vivant, un homme de haute taille, sec, maigre à faire peur, mais sur le front duquel paraissaient se refléter au premier abord les rayons d'une intelligence vaste et profonde.

En s'approchant du voyageur, l'inconnu ôta son chapeau, salua de la main et de la tête.

— Monsieur est égaré sans doute, dit-il ?

— A peu près, et vous me feriez grand plaisir, Monsieur, en me disant le nom du village que je vois d'ici.

— Comment, vous ne connaissez pas Gheel ?

— Non ; je n'ai même jamais entendu prononcer ce nom.

— Alors vous êtes étranger ?

— Tout à fait étranger. Je suis Français ; je suis Parisien.

— Parisien ! Oh ! alors, monsieur, que je suis heureux de vous rencontrer !...

— Seriez-vous un compatriote, par hasard ?

— Oui, monsieur, et Parisien comme vous... Il y a bien longtemps, il est vrai, que j'ai quitté la France ; mais, voyez-vous, la patrie ne s'oublie pas, surtout quand elle s'appelle France !... J'ai voyagé dans bien des pays et je connais bien des peuples ; les étrangers ont beau dire, aucun ne ressemble au peuple français... Je me rappelle un épisode de mes voyages qui, si vous n'étiez Français, c'est-à-dire si vous ne saviez parfaitement que ce que je dis est la vérité, suffirait pour nous convaincre... Si vous le voulez bien, et si vous avez le loisir de m'entendre, je vais vous raconter cette petite aventure, que je redis toujours avec beaucoup de plaisir.

— Très-volontiers, Monsieur, très-volontiers. Seulement comme je me sens fatigué, permettez que je m'assoie sur ce banc de bruyères, que vous voudrez bien partager avec moi. Je vous écouterai ensuite avec d'autant plus de plaisir que tout ce qui se rattache au nom français me touche particulièrement ; car je suis Français de cœur, tout comme vous me paraissez l'être vous-même !

Ils s'assirent tous deux, et l'homme maigre commença ainsi :

Pendant l'été de 1827, je parcourais avec un vieux cosaque, qui me servait de guide, les steppes qui se trouvent entre la mer Noire, le Caucase et la mer Caspienne. Pour échapper à l'ennui qui saisit toujours l'âme dans ces tristes solitudes, et pour me distraire, je me faisais raconter par mon vieux cosaque les différentes phases de sa vie militaire. Mon guide était un homme grand, fort, et avait le visage marqué de larges cicatrices, qui devaient être pour lui un souvenir cruel et sans cesse renaissant de nos grandes guerres européennes ; mais c'était un cœur sans amertume, sans fiel, un noble cœur.

Hetman, lui dis-je un jour, vous m'avez souvent parlé de vos deux campagnes de France, des combats auxquels vous avez pris part en Prusse, en Autriche, en Allemagne. Vous m'avez parlé souvent aussi de vos frères d'armes, et vous en aviez beaucoup ; car vous appartenez à l'une des grandes époques de l'histoire contemporaine.

Dites-moi donc quels sont, de tous ces gens que vous avez côtoyés dans votre longue carrière, ceux dont vous vous souvenez le plus souvent et qui vous ont laissé le plus de regrets. Seraient-ce vos frères les Russes ?

— Oh ! non, non, Monsieur, me répondit le vieux cosaque en hochant la tête, ce ne sont pas ceux-là.

— Seraient-ce les Autrichiens ?

— Ceux-là, dit-il, je m'en souviens comme de la balle que j'ai encore dans l'épaule !

— Seraient-ce les Prussiens ?

— Ce ne sont pas ceux-là non plus.

— Alors, je ne puis deviner.

— Ah ! dit le vieillard en essuyant une larme, ce sont les hussards français que je n'oublierai jamais ! Lorsque nous étions en Allemagne, aux avant-postes, il faisait un froid glacial, et souvent le matin nous nous levions engourdis, à demi morts... Les hussards, qui étaient campés en face de nous, s'approchaient alors et criaient : Ohé, cosaques, venez donc par ici boire la goutte avec nous ! Et nous y allions, tout confiants dans l'honneur français. Alors ils nous versaient de grands verres de *schnaps* (1), qui nous réchauffaient. Nous revenions à nos avant-postes, et, à peine étions-nous rentrés, que la fusillade recommençait. Oh ! nous avions bien mal au cœur de tirer sur ces braves jeunes soldats qui venaient de partager leurs rations avec nous, mais la guerre le voulait.

Que de fois, depuis quinze ans, j'ai pensé, à ces hussards français !...

Comprenez-vous, Monsieur, ajouta l'homme maigre, ce qu'il y a de beau pour nous dans ce souvenir religieusement enfermé dans le cœur de ce vieux Russe perdu, à mille lieues des hussards français, dans la solitude sauvage

---

(1) Eau-de-vie.

des steppes du Chirvan ; ce qu'il y a de sublime admiration dans ces simples mots d'un pauvre serf sans instruction : « Ils nous faisaient boire la goutte avec eux... ils nous versaient de grands verres de *schnaps* ?... »

Croiriez-vous que depuis le moment où il m'eut dit cela, je me suis senti pour mon vieux guide une profonde estime, et que je ne m'en suis séparé qu'à regret ?

Après cela, est-il possible, dites-moi, de ne pas convenir qu'aucun peuple ne ressemble au peuple français ?

Pour toute réponse, le voyageur tendit la main au grand homme maigre, qui reprit :

Je vous ai dit tout à l'heure qu'il y avait longtemps que j'avais quitté la France ; il y a, en effet, bientôt vingt ans... Mais, je vous ennuie peut-être ?

— Au contraire, Monsieur, au contraire. J'ai écouté avec bien du plaisir votre anecdote du vieux cosaque et...

— Oui, oui ; mais c'est que... c'est ma propre histoire que je vais vous faire maintenant,... c'est de moi...

— Mon plaisir à vous écouter n'en sera pas moins grand, je vous assure. Continuez donc, je vous prie.

— Puisqu'il en est ainsi, Monsieur, je continue.

Depuis vingt ans donc, j'ai quitté Paris et la France, où je n'avais plus ni parents, ni amis... J'ai parcouru toutes les contrées de l'Europe du nord au sud, de l'orient à l'occident, puis je suis venu me fixer ici. Ces voyages que j'ai faits dans un but d'instruction, m'ont permis d'étendre mes connaissances en médecine et en ornithologie ; car il faut vous dire que je suis médecin, et un peu aussi ornithologiste, par goût, par amour pour la belle nature... Je vous vois sourire... Je présume qu'en ce moment vous vous dites : Que peut faire un médecin dans un pays inhabité ? Un amateur d'oiseaux dans un pays sans verdure ?

— Ma foi, mon cher compatriote, à vos autres titres,

vous pourriez ajouter celui de devin, car c'est là exactement ce que je pensais.

— A mon tour, je reconnais en vous le Français irréfléchi, le Parisien... La médecine, vous devez le savoir, comprend plusieurs branches que je ne veux pas vous expliquer, car je ne suis pas professeur ; je vous dirai seulement que je me suis appliqué à la partie qui est restée jusqu'ici la plus impénétrable aux investigations de la science, à la folie... J'ai fouillé tous les traités des anciens, et, ces vingt années que j'ai passées loin de la France, je les ai consacrées à l'étude de cette terrible maladie qui afflige un si grand nombre de nos frères. Eh bien, nulle contrée du monde n'offre un champ aussi vaste à parcourir que la Campine ; car si je vous ai dit le nom de la ville que nous avons devant nous, et qui, vue d'ici, ne paraît qu'un camp de bohémiens, je ne vous ai pas dit son surnom.

— Vous m'avez dit que c'était Gheel.

— Oui, oui...

— Et son surnom est ?...

— *La Ville des Fous*.

Le voyageur resta tout ébahi.

— Oui, la ville des fous, continua l'homme maigre. De temps immémorial, Gheel possède une colonie d'aliénés expédiés de toutes les provinces de la Belgique. Chaque famille en prend un, deux, trois, quatre, selon son bon plaisir ; ce sont des fous innocents, comme on les appelle ici, que les enfants, les femmes conduisent à la promenade deux fois par jour, et qui abusent rarement de la liberté qu'on leur laisse. C'est cette colonie déshéritée que je m'applique à soulager ; et quand je suis parvenu à rendre à la raison, et par là même à la société, quelqu'un de ces infortunés, c'est pour moi la plus douce satisfaction que puisse éprouver un homme en ce monde.

— Oh! Monsieur, c'est une noble mission que celle que vous vous imposez là ; d'autant plus qu'elle ne doit pas être sans danger.

— Je suis largement dédommagé. Tout le monde, ou à peu près, étant fou ici, il n'y a que moi qui m'occupe des oiseaux que le hasard y amène. Il s'ensuit que tous ces oiseaux me connaissent et voient en moi un protecteur puissant. Aussi, à côté de la colonie d'aliénés, ai-je à moi, pour en jouir seul, une colonie d'oiseaux, établie, sans crainte d'y être jamais troublée, dans ce bouquet de bois que vous voyez là-bas, perdu dans ces bruyères comme une oasis au milieu du Sahara.

Voulez-vous la visiter ? Vous verrez que la parole de l'Écriture qui dit que l'homme est le roi des animaux n'est pas un vain mot, et qu'en cela comme en tout, l'Écriture sainte a raison.

— Oh ! Monsieur, je suis enchanté, et c'est avec reconnaissance que j'accepte votre proposition.

L'homme maigre et le voyageur se levèrent et se dirigèrent vers le bouquet de bois, où ils arrivèrent quelques minutes après.

— Maintenant, dit l'homme maigre au voyageur, en lui montrant un banc de gazon au pied d'un arbre, asseyez-vous là, tenez-vous coi et attendez.

Le voyageur alla s'asseoir sur le banc de gazon et attendit.

L'homme maigre tira alors de sa poche un petit sifflet en os, le porta à ses lèvres et en tira un son aigu, mais renfermant une certaine mélodie triste, inexplicable. Bientôt arrivèrent autour de lui, sur les branches des bouleaux et des saules, seuls arbres dont se composât le bouquet de bois, des bandes joyeuses de grimpereaux, de mésanges, de sittelles, de torcols, parmi lesquels on voyait quelques grives, quelques loriots et même un coucou. Puis de nouveaux sons plus moelleux, plus doux et modulés d'une certaine manière s'étant fait entendre, les bandes joyeuses s'abattirent en masse sur l'homme maigre, qui, en un instant, en fut littéralement couvert.

— Vous voyez, dit-il au voyageur, ce que peut l'homme sur les créatures de Dieu.

Le voyageur était ébahi et croyait rêver.

— Vous pensez sans doute, reprit l'homme maigre, en riant, que pour charmer ces frivoles, mais adorables créatures, j'ai recours à des moyens magiques, comme ceux dont font parade nos charlatans de France. Détrompez-vous. Je n'emploie aucun sortilége, et c'est tout simplement de la reconnaissance que viennent me témoigner ces oiseaux. Afin de vous le faire mieux comprendre, je vais vous expliquer les expédients que je mets en usage pour arriver à ce résultat qui, en France, ferait crier au miracle, mais qui, dans la Campine, s'explique tout naturellement. Remarquez d'abord que ce petit bosquet ne renferme que des arbres d'essence tendre, très-propres à servir de refuge aux insectes; remarquez encore que vous ne voyez autour de moi que des oiseaux insectivores : piverts, sittelles, grimpereaux... Vous n'avez peut-être pas fait ces remarques, parce que vous n'avez pas comme moi pour métier d'être savant; je vous le dis donc afin que vous saisissiez mieux mon raisonnement... Vous savez que les insectes rongeurs se logent généralement sous l'écorce des arbres... Avec ces données, le problème n'est plus qu'un jeu d'enfant, et voici comment je l'ai résolu. Un matin je me suis amusé à chercher un vieil arbre vermoulu. Cet arbre trouvé, je me suis mis à en couper circulairement l'écorce à la hauteur de vingt centimètres de terre; à un mètre au-dessus, j'ai fait la même opération; puis j'ai détaché l'écorce qui a mis alors à découvert toute une tribu d'insectes rongeurs : des cossus, des scolytes, des xylocopes, que sais-je ?... Les oiseaux sont très-curieux, les oiseleurs le savent trop bien et profitent de cette curiosité pour prendre des rossignols, les plus badauds de tous les oiseaux... Pendant que je travaillais, j'avais pour spectateurs trois ou quatre mésanges et autant de grimpereaux. Ma besogne terminée, je me suis mis à l'écart ; alors tous d'accourir au festin...

Le lendemain, je recommençai de plus belle mon œuvre de destruction, mais cette fois en accompagnant mon travail du sifflement monotone que vous avez entendu. Les curieux revinrent en plus grand nombre que la veille, et firent un nouveau festin. Le surlendemain ce fut de même, ainsi que les jours suivants... Comprenez-vous, maintenant ?

— Parfaitement...

— Mais vous devez penser qu'il ne faudrait peut-être pas les tromper souvent comme je l'ai fait aujourd'hui...

— De sorte que vous n'êtes pas encore bien certain si c'est la reconnaissance plutôt que l'appétit qui les fait venir à votre appel ?...

— Vous avez sans doute lu Don Quichotte de la Manche ?

— Oui ; mais...

— Vous rappelez-vous bien les conseils que ce célèbre chevalier donna à Sancho au moment où le fidèle écuyer allait prendre possession du gouvernement de l'île de Barataria ?

— Heu ! tout cela est bien confus dans mon esprit...

— Eh bien, voici un de ces conseils : « Si vous avez autant de raison pour absoudre un homme que pour le condamner, il vaut infiniment mieux l'absoudre »....

— Ce qui veut dire...

— Que, comme j'ai autant de raison pour croire à la reconnaissance des oiseaux qu'à leur gourmandise, j'aime infiniment mieux croire que c'est par reconnaissance qu'ils viennent à moi... Jeune homme, je désire que ce précepte vous serve, à vous, comme il a servi, en une circonstance bien grave, à Sancho Pança, gouverneur de l'île de Barataria, ci-devant noble et digne écuyer du célèbre chevalier errant Don Quichotte de la Manche!...

Sur ces mots, le grand homme maigre salua avec raideur, tourna brusquement sur ses talons et reprit le chemin de Gheel, laissant le voyageur parisien tout ébahi de ce mélange bizarre de science, de politesse, de brusquerie et d'originalité.

Un peu revenu de sa surprise, celui-ci songea à retourner à Turnhouth, ne voulant pas pousser plus loin une excursion qui ne lui permettrait peut-être pas de rentrer chez son hôte avant la nuit.

Il s'orienta un instant, et reprit à travers le désert le chemin de Turnhouth, où il arriva assez tard dans la soirée.

Son premier soin, en arrivant chez son hôte, fut de lui raconter son aventure.

Celui-ci l'accueillit par un franc éclat de rire.

— Vous dites, Monsieur, que cet homme est grand, maigre, pâle?

— Oui, Monsieur.

— Qu'il a le front haut, intelligent?

— Oui...

— Qu'il raisonne, discute, parle avec autorité, se dit français, médecin?

— Oui, oui...

— Qu'il charme les oiseaux, les attire à lui en sifflant?... Eh bien, mon cher monsieur, c'est le *médecin des fous*...

— C'est ce qu'il m'a dit aussi, et ce que je m'efforce de vous répéter.

— Sans doute, mais dans un autre sens : il n'est pas plus médecin que vous et moi.

— Comment donc ?

— Non ; ni médecin, ni français ; c'est un savant allemand, un ornithologiste célèbre, qui a perdu la tête dans ses études, et dont la folie est bien innocente : il se croit médecin.

— Mais il parle comme un sage !

— Je le sais comme vous ; seulement il ne faut pas le contredire, surtout sur sa qualité prétendue de médecin.

— Il ne me serait certainement pas venu à l'idée de le contredire sur ce point : il parle médecine comme Hippocrate lui-même.

— Et français comme vous, quoiqu'il soit de Hambourg. Consolez-vous, Monsieur, vous n'êtes pas le seul qui ait été trompé à ces apparences... Mais, j'y songe : vous devez avoir grand'faim après une excursion comme celle que vous venez de faire ? Allons souper...

— Ce que vous venez de me dire de votre diable de médecin m'a ôté l'appétit, repartit le voyageur parisien en souriant ; et je commence à craindre qu'en restant plus longtemps dans votre affreux pays, je ne finisse par perdre moi-même la tête.

— Ne craignez rien, reprit l'hôte en souriant aussi ; vous n'êtes plus à Gheel... Quant à l'appétit, vous savez qu'il revient en mangeant. Venez, j'ai encore dans ma cave une ou deux bouteilles de bon champagne ; nous les viderons ensemble, et elles vous feront oublier votre promenade, le grand homme maigre et la *Ville des fous*.

ALEXIS. — Cette histoire est-elle vraie, Monsieur ?

LE MAÎTRE. — Je suis porté à le croire, et elle n'a, du

reste, rien d'invraisemblable. Quoique les charmeurs d'oiseaux soient rares, il en existe cependant. J'en ai moi-même connu un dans mon enfance; c'était un vieux garde forestiers, que j'accompagnais souvent dans ses courses à la forêt, et auquel peut-être je dois le profond amour que j'ai toujours eu pour la nature. Ce vieux garde avait un talent très-bizarre : il imitait d'une manière remarquable le chant de presque tous nos oiseaux. Lorsque nous avions bien couru les tranchées, et que notre estomac criait famine, nous nous couchions sur la pelouse, à l'ombre d'un chêne ou d'un hêtre, et là nous étalions nos richesses gastronomiques. Alors comme mon vieux garde aimait la société, il se mettait à siffler. Bientôt accouraient des bandes joyeuses de mésanges, de rouges-gorges, qui se disputaient à l'envi les miettes de notre table et nous charmaient par leur gaieté et leurs joyeux ébats.

Alexis. — Mais la Ville des fous est une ville imaginaire ?

Le Maitre. — Non, mon enfant, Gheel existe réellement dans la Campine ; seulement ce n'est pas un misérable hameau ; mais une ville de dix mille habitants. La légende rapporte même que cette ville date du IIIe siècle de l'ère chrétienne et qu'elle a été bâtie en l'honneur de sainte Dymphne, patrone des aliénés et morte martyre de son attachement au christianisme. La ville n'offre de remarquable que son église, qui possède le tombeau de la jeune fille. Ce tombeau, sculpté par un artiste inconnu, est un chef-d'œuvre qui fait l'admiration de tous les connaisseurs et devant lequel s'est incliné David (d'Angers) lui-même.

De plus, ce que nous a appris le charmeur d'oiseaux est également vrai, Gheel possède une véritable colonie d'aliénés, dont le nombre varie de sept à huit cents, et que les habitants traitent avec une extrême bonté, ce qui a fait donner à cette ville, unique en son genre, le surnom mérité et flatteur de *Paradis des fous*.

Et cela, mes enfants, devrait nous servir d'exemple. Ces malheureux insensés que nous rencontrons sur notre passage et que nous poursuivons souvent, hélas! de nos rires et de nos quolibets, ont réellement droit à tous nos égards. et nous devrions, au contraire, les entourer de tous les soins et de toute la bienveillance que méritent des frères malheureux.

HUITIÈME CAUSERIE.

LA HUPPE.

LA COURTILIÈRE, OU TAUPE-GRILLON.

Le Maître. — Malgré la richesse de sa parure et la grâce de son port, la huppe n'a joui jusqu'ici que du triste privilége d'inspirer le dégoût, et du triste honneur d'avoir enrichi la langue française d'un proverbe : *Salé comme une huppe*, dit-on. Elle doit cette réputation aux fables ridicules et absurdes qui ont été débitées sur son compte. Dans nos campagnes, on la désigne souvent sous les épithètes peu flatteuses de *coq merdeux*, *coq puant;* mais plus généralement on l'appelle *jack-boutt-boutt*, du cri du mâle : *boutt*, *boutt*, qu'il répète à satiété des heures entières.

Huppe.

La huppe est incontestablement l'un des plus beaux oiseaux de notre pays. Dès son arrivée chez nous, c'est-à-dire vers le 15 avril, elle se retire dans les lieux les plus solitaires de nos bois ; cependant j'en ai vu quelquefois dans nos bosquets ; à Dieuze même, dans un jardin situé au lieu dit le Calvaire, il y a tous les ans, dans le creux d'un vieux pommier, un nid de huppes; mais ce sont là des cas assez rares. La huppe se nourrit de vers, de chenilles, de guêpes, de bourdons, de demoiselles, de cousins, de fourmis et surtout du *taupe-grillon* que les jardiniers appellent *courtilière*, et que l'on connaît à Dieuze sous le nom insignifiant de *taie*.

Elle place son nid dans les creux d'arbres, et le construit non pas d'excréments humains, comme on l'a tant répété, mais de brins d'herbes, auxquels elle joint de la laine et du crin.

Buffon cite des exemples de huppes qui ont vécu très-longtemps en captivité. J'ajoute d'autant plus de foi aux paroles du grand naturaliste, que moi-même j'en ai eu une pendant trois ans dans une petite chambre. Des enfants me l'avaient apportée à la fin d'août et me l'avaient donnée comme un oiseau très-rare.

Elle était devenue très-familière, venait souvent se percher sur mon épaule et courait à ma rencontre lorsque je lui apportais à manger. Elle se nourrissait de mies de pain, de pommes de terre, de soupe, de fromage, de viande crue et hachée. Plusieurs fois j'ai voulu la mettre en cage ; mais elle devenait triste, ne mangeait plus, et j'étais obligé de lui rendre la liberté. Alors elle semblait m'en témoigner sa reconnaissance par ses battements d'ailes et sa gaieté.

Parlons un peu du taupe-grillon : il fait assez de tort à nos jardins pour mériter dans nos causeries une mention toute spéciale.

Cet insecte a reçu le nom de taupe-grillon, parce qu'il a une certaine ressemblance avec le grillon, et que, comme la taupe, il se creuse des galeries souterraines pour aller à la recherche des racines dont il se nourrit à nos dépens.

Quelqu'un d'entre vous se sent-il de force à aborder cette question ?

ÉMILE. — Moi, Monsieur. Notre jardinier m'a fait tout au long l'histoire de cet insecte.

Le taupe-grillon est un *orthoptère*. De même que la taupe, une grande partie de sa vie se passe dans ses galeries, parce que la lumière du soleil l'éblouit et l'empêche de voir. Il recherche les lieux humides, et ne fait ses courses qu'après le coucher du soleil. Sa nourriture principale consiste en blé, avoine, orge ; mais à tout cela il préfère les racines des plantes venues sur couches ; aussi est-il la terreur des jardiniers. Ses galeries sont creusées d'après les mêmes principes que ceux de la taupe, c'est-à-dire qu'elles aboutissent à un point central qui est comme son point de départ pour dépister l'ennemi qui le poursuit.

Il déploie un certain art dans la construction de son nid. Pour cela, il choisit une motte de terre grosse comme

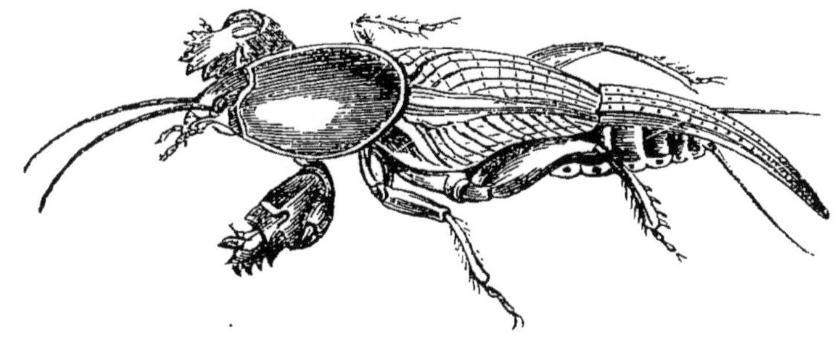

Courtilière.

le poing ; il y pratique une ouverture pour entrer et sortir, puis il y creuse une cavité sphérique. C'est dans cette cavité qu'il dépose ses œufs, au nombre de deux à trois cents. Aux approches de l'hiver, il emporte ses œufs un à un, et les descend en terre pour les préserver du froid, et, à mesure que le soleil semble renaître, il reprend ses œufs et les reporte à ses galeries pour les faire éclore.

Les jeunes naissent au mois de mai ; ils sont alors d'un

blanc sale qui, en quelques heures, se change en un brun roux, puis en noir.

Ce n'est que la troisième année que ces jeunes gagnent des ailes ; alors seulement ils sont insectes parfaits.

Le Maître. — C'est là à peu près tout ce qu'il y a à dire sur la courtilière. Je vais maintenant vous dire les moyens employés par les jardiniers pour la faire périr.

Le plus simple consiste, avant de semer les couches, à arroser la terre avec de l'urine de vache en fermentation ; toutes les courtilières atteintes de l'urine périssent. Ou bien on remplit d'eau leurs galeries et on y verse ensuite une cuillerée d'huile, qui surnage. Les insectes se sentant inondés, remontent et traversent la couche d'huile pour fuir. Mais l'huile bouchant les orifices des voies respiratoires, les courtilières ont à peine la force de faire quelques pas hors de leurs galeries, deviennent toutes noires et meurent asphyxiées. Ou bien encore, on verse dans leur trou de l'eau de savon; elles sortent à la hâte et on les écrase.

Enfin, voici un dernier remède donné par M. Desprez, jardinier, au moyen duquel, avec un peu de patience, de ténacité, on peut détruire en un jour de quinze à vingt mille courtilières. Aussitôt que l'on s'aperçoit qu'une plante se fane, sans qu'on puisse en trouver la cause, c'est qu'un nid de courtilières est placé à ses racines. On introduit alors son doigt dans les galeries souterraines, au centre desquelles on rencontre une boule de la grosseur d'un œuf. On enlève cette boule avec une bèche, et dans l'intérieur on trouve les œufs ou les jeunes de la courtilière. Mais la mère, que le bruit des pas a fait fuir de son nid, existe encore. Au lieu de remplir le vide formé par l'enlèvement du nid, on en frappe les parois légèrement avec le dos de la main, de manière à rendre celles-ci aussi unies que possible. La courtilière reviendra ; elle donnera un ou plusieurs coups de tête dans la partie frappée et indiquera ainsi l'entrée de son refuge, où il sera facile de la faire périr par le procédé de l'eau et de l'huile...

La huppe quitte nos contrées à la fin de septembre. Vous l'avez vu, mes enfants, c'est un oiseau utile à l'agriculture, et qui fait l'ornement de nos forêts et de nos jardins : ne touchez jamais à son nid.

LA LAVANDIÈRE.

SES RUSES. — LES ROSIERS SANS ÉPINES. — LES POMPONS DU ROSIER.

Le nom de *lavandière* ne porte avec lui aucune idée bien poétique ; et cependant la coquetterie la plus raffinée pare la robe de l'oiseau auquel ce nom a été donné, et une grâce exquise préside à tous ses mouvements. Sous bien des rapports la lavandière ressemble à la bergeronnette ; ce qui l'en distingue le plus, ce sont ses habitudes. Lorsque la bergeronnette se tient dans les prés et suit le bétail aux champs, la lavandière court sur le bord des étangs, des rivières, des ruisseaux, sur la chaussée des écluses de moulin; sur les planches des lavoirs, où elle semble, par les balancements de sa queue, imiter le mouvement des battoirs des laveuses de lessive, dont elle a pris le nom. Elle se nour-

Lavandière.

rit de moucherons et, en général, de tous les insectes fluviatiles qui pullulent dans les lieux qu'elle habite, et qu'elle va prendre souvent dans l'eau même, en y entrant jusqu'à mi-jambe.

Elle est familière, ne fuit pas la présence de l'homme et vient parfois chercher les mies de pain qu'on lui jette. Son petit cri : *guit*, *guit*, qu'elle fait entendre en volant, n'a rien d'agréable.

Dès la fin de mars, elle arrive chez nous et commence aussitôt à construire son nid. Elle le place souvent sous une de ces grosses pierres qui font saillie dans la muraille des moulins, sous une motte de terre sur les rives d'un étang, dans les tas de fagots du meunier, et quelquefois même sous les planches vermoulues du lavoir, aux yeux des laveuses. Dans ce nid, assez grossièrement construit et garni intérieurement de plumes ou de crins, la femelle dépose cinq œufs blancs, mouchetés de taches brunes et irrégulières, et elle couve quinze jours. Lorsque les petits viennent d'éclore, ils sont d'une laideur effrayante, et on les prendrait volontiers pour ces sales araignées de caves desquelles on détourne les yeux ; et pourtant ces petits êtres rechignés sont l'objet d'un amour sans bornes, d'un amour qui enfante des prodiges, en donnant à l'instinct la prévoyance raisonnée et calculée de l'intelligence. Pour ses petits, la lavandière, créature innocente et timide, devient, comme la poule, rusée et hardie.

Elle sait prévenir tous les dangers qui les menacent et écarte des lieux où elle les a cachés tous les objets, tels que plumes, paille, laine, chiffon, qui pourraient guider le dénicheur et trahir son secret. Que de fois je me suis amusé, enfant, à placer auprès du nid de la lavandière de petits morceaux de papier blanc que j'éparpillais de tous côtés : méchanceté cruelle, que je me reproche amèrement aujourd'hui ! et cela, pour voir cette pauvre mère, inquiète, effarée, emporter au loin, un à un, tous ces points de repère placés par ma coupable main.

Et lorsqu'enfin, malgré toutes ses précautions, l'ennemi parvient à découvrir son nid et lui enlève sa petite famille, la lavandière affronte tous les périls, poursuit à outrance le ravisseur, ne le quitte qu'alors que tout espoir est perdu, et, par ses cris et ses appels plaintifs, témoigne de ses regrets, de sa douleur, de son impuissance.

Elle nous quitte à la fin d'octobre. De même que la bergeronnette, la lavandière ne peut vivre qu'en liberté : elle se laisse mourir en cage.

ALEXIS. — Vous êtes bien jeune encore, Monsieur, et cependant il me semble que vous savez tout ; car non-seulement vous répondez à toutes nos questions, mais encore vous paraissez avoir tout vu. Ainsi, je connais la lavandière comme notre moineau, car je l'ai épiée cent fois auprès du moulin de notre ami Lucien, et pourtant jamais je ne me suis aperçu qu'elle emportait les objets qui pouvaient indiquer son nid.

Votre vie s'est donc passée à l'étude? Alors elle a dû être bien pénible ; car le proverbe dit que « les roses ne se cueillent que sur les épines. »

LE MAÎTRE. — Mon cher enfant, je ne sais que ce que vous pouvez tous savoir. J'ajouterai que vous n'êtes pas heureux dans vos proverbes ; car celui que vous venez de nous donner est faux de toutes les manières : comme principe, comme application. La science des savants a peut-être quelque chose d'aride pour nous, qui ne sommes pas des adeptes bien fervents ; mais pour ces hommes dont la vie est une étude continuelle, elle est, au contraire, la source de plaisirs toujours renaissants, toujours nouveaux. Quant à la science vulgaire, celle que nous étudions, la science des *sachants*, je ne lui vois rien que d'attrayant, d'agréable, et vous m'avez tous avoué plus d'une fois que nos causeries vous amusaient beaucoup. Votre proverbe est faux encore comme principe, car sur certains sommets des Alpes, Émile aurait pu vous le dire, croît un petit rosier sans épines, dont les fleurs, d'un rouge pâle, sont tachetées de points verts qui en rehaussent la beauté. Ce petit arbuste offre un caractère bizarre : transplanté et cultivé dans les jardins, il produit des épines et devient en tous points semblable aux autres rosiers ; aussi les poëtes italiens en ont-ils fait le symbole de l'ingratitude.

Émile. — Je connaissais, en effet, le rosier des Alpes : j'en ai vu la description dans un dictionnaire. Mais il y a une chose dont je n'ai jamais pu me rendre compte jusqu'à présent : ce sont ces petites excroissances rougeâtres, garnies de poils, que l'on voit assez souvent sur les rosiers sauvages, et que nous appelons des *pompons;* d'où peuvent-elles venir?

Le Maître. — Ces excroissances sont désignées en histoire naturelle sous le nom de *bédégar;* mais elles sont plus connues sous le nom d'*éponges d'églantiers*. Si vous aviez ouvert un de ces pompons, vous y auriez trouvé de petits vers qui vous auraient donné le mot du mystère.

Cynips.

Ces pompons sont donc dus à un insecte, et cet insecte est appelé *cynips*. Les cynips forment une famille assez nombreuse, et quelques-uns d'entre eux ont des couleurs très-brillantes, d'un éclat très-vif et d'une richesse qui n'a de rivale que parmi les pierres précieuses les plus rares. On les connaît en histoire naturelle sous les dénominations pompeuses de *cynips dorés, cynips émeraude, porte-or*.

Le cynips, après avoir subi sa dernière métamorphose et être parvenu à toute sa beauté, ne vit que quelques heures, qu'il emploie à chercher pour sa famille future une retraite, non-seulement à l'abri de tout danger, mais pourvue de tout ce qui devra composer sa nourriture première. La nature, toujours en mère prévoyante, lui a donné sous le ventre un petit aiguillon, qu'un ressort caché fait mouvoir. Cet aiguillon perce l'écorce de l'églantier, précisément à l'endroit où doivent sortir les feuilles ; dans cette piqûre sont déposés des œufs d'une petitesse microscopique. Autour de ces œufs la séve abonde, forme un bourrelet, puis ces poils rougeâtres, crépus, enfin le *pompon*, qui sert ainsi de berceau au jeune cynips. Là s'opèrent toutes ses transformations. Arrivé à son dernier accroissement, il se pratique une sortie, prend son essor et devient un des brillants habitants de l'air.

Charles. — Alors je m'explique aussi les pommes de chêne, car je pense que c'est également le travail d'un insecte.

Le Maître. —Oui, mon enfant, et c'est un insecte de la même famille, car je vous ai dit qu'elle était nombreuse. Enfin, c'est un cynips qui produit la *noix de galle* que vous connaissez, et qui donne la teinture noire. Ouvrez de ces noix, vous trouverez dans l'intérieur une petite cellule perforée d'un trou que l'insecte a creusé pour s'envoler après sa dernière métamorphose...

Mais revenons à nos oiseaux, et voyons comment le linot nous est utile, par conséquent quels sont ses titres à notre protection.

LE LINOT.

LA PYRALE. — L'EUMOLPE. — LE RYNCHITE-BACCHUS.

Linot ! Voilà encore un nom consacré par l'usage, et qui ne convient pas plus à l'oiseau qu'il sert à désigner qu'à tous ceux de la même famille, comme le moineau, le chardonneret. Le linot est un granivore, mais qui n'a aucune préférence pour la graine de lin, comme on l'a prétendu. Ce qui le prouve plus que suffisamment, ce sont ses habitudes, qui lui font préférer les vignes, où il ne trouve jamais de lin. Ses mœurs sont les mêmes que celles du chardonneret ; mais, comme je viens de le dire, il habite ordinairement les haies des vignes ; il ajoute, comme superflu à son ordinaire, les insectes rongeurs de la vigne, dont les plus redoutables sont la *pyrale*, l'*eumolpe*, et le *rynchite-bacchus*.

JOSEPH. — Est-ce que le tort occasionné par ces insectes est aussi considérable que celui des insectes du blé ?

LE MAÎTRE. — Plus peut-être, et, pour vous en donner une idée, il me suffira de vous dire que les pertes qu'ils ont causées dans l'espace de vingt ans, en Bourgogne, ont été estimées à 1,500,000 hectolitres de vin. Cotons ce vin au minimum de vingt francs l'hectolitre, et nous aurons le chiffre énorme de trente millions de francs perdus par les dégâts d'un insecte dont se nourrit le linot.

JOSEPH. — Et a-t-on trouvé quelque remède contre ce terrible fléau ?

LE MAÎTRE. — Il y en a quelques-uns en effet, plus ou moins efficaces. Je vous les signalerai, lorsque je vous aurai fait connaître ces rongeurs, qui font tant de ravages dans nos vignes.

Commençons par le plus redoutable : la *pyrale*, appelée

aussi *teigne de la vigne*, *teigne de la grappe*, ou *ver de la vigne*.

C'est un *lépidoptère* ou papillon. Son existence, comme insecte parfait, est relativement assez longue : il vit trois, quatre et même cinq jours. La pyrale est nuisible à deux époques de l'année : à la floraison de la vigne et en automne ; on comprend facilement qu'à cette dernière saison les effets sont moins désastreux. La femelle dépose ses œufs sur la feuille du cep; ces œufs donnent des larves qui ont seize pattes, et sont d'une longueur de trois à quatre millimètres seulement. Elles se nourrissent de feuilles et de jeunes grappes, et rendent stériles les vignobles où elles se multiplient. Cette multiplication prend parfois des proportions effrayantes. En 1837, les départements de la Côte-d'Or, de la Haute-Saône et de Saône-et-Loire furent tellement infestés de cet insecte que les habitants, désolés, sans ressources contre le mal, s'adressèrent à l'Académie des sciences. Cette société savante envoya des commissaires qui constatèrent les pertes, mais qui s'avouèrent impuissants contre le fléau.

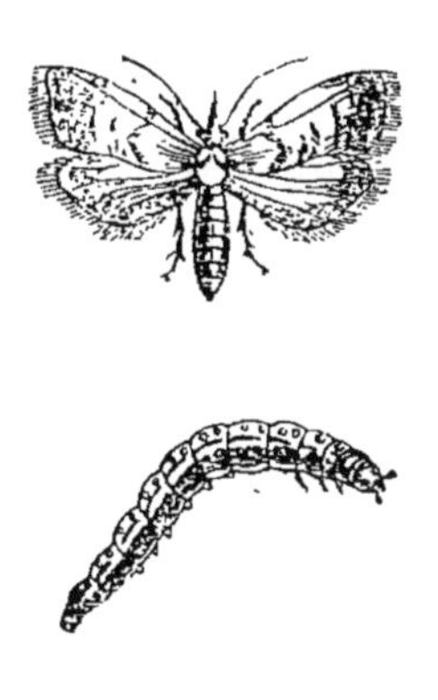

Pyrale de la vigne et sa chenille.

JOSEPH. — Alors il n'y a donc pas de préservatif?

LE MAÎTRE. — Si, mais pas d'infaillibles; car la pyrale résiste également aux plus grands froids et aux chaleurs les plus intenses. Cependant on en fait périr un certain nombre en hiver en échaudant avec de l'eau bouillante les vieux ceps où se sont réfugiées les larves d'automne.

L'eumolpe. — Ce nom vient du grec et signifie : *beau chanteur*. C'est bien improprement qu'il a été donné à l'insecte qui nous occupe en ce moment, car l'eumolpe, comme presque tous les coléoptères dont il fait partie, ne produit aucun son perceptible à l'oreille même la plus délicate. On l'appelle souvent aussi *lisette*, *gribouri*, *diableau*, et *écrivain*. Ce dernier nom lui vient de ce que sa larve semble tracer sur la feuille qu'elle ronge des I, des V, des L, parce qu'elle longe les nervures sans y toucher. L'eumolpe paraît très-peureuse ; aussitôt qu'on la touche elle cache sa tête sous son corselet. C'est un des rares insectes qui nuisent comme larves et comme insectes parfaits. La femelle dépose ses œufs en terre, où ses larves rongent les racines de la vigne. Devenue insecte parfait, l'eumolpe ronge les feuilles naissantes, et, quand la graine est en verjus, elle la crevasse en la perçant.

En automne, on lui fait la guerre au moyen d'un entonnoir très-large à la partie supérieure et muni d'un sac à sa partie inférieure.

On secoue les ceps dans l'entonnoir ; l'eumolpe tombe et on la tue ; mais malheureusement il en reste toujours assez pour perpétuer cette race maudite.

Le *rynchite-bacchus*. — Celui-là au moins a un nom poétique et qui rappelle le souvenir de divinités païennes. Il est de la tribu du charançon et de l'ordre des coléoptères. En histoire naturelle on l'appelle *becmare*; les vignerons, eux, le nomment *coupe-bourgeons*, parce qu'il ronge les bourgeons à leur naissance. Il ne se montre que le matin et le soir, et pour peu qu'on le touche, il se laisse tomber à terre et fait le mort. La femelle pond un œuf seulement sur une feuille, dont elle ronge ensuite une partie de la queue ; elle passe à une autre feuille, qui reçoit un second œuf et subit la même mutilation. Sa ponte terminée, elle meurt.

Rynchite-bacchus.

Émile. — Pourquoi, Monsieur, ronge-t-elle à moitié la feuille où elle a placé un œuf?

Le Maître. — Vous allez le savoir. Le lendemain de la ponte, les œufs éclosent. Dès sa naissance la jeune larve se met à rouler la feuille sur elle-même, afin de s'y renfermer pour passer à l'état de nymphe. Mais c'est là une tâche dont ses organes, faibles encore, ne pourraient venir à bout, si la prévoyance maternelle ne l'avait simplifiée en attaquant la source nourricière de la feuille, qui est ainsi déjà à demi desséchée. Cette prévoyance toutefois est fatale aux nouveau-nés ; car cette feuille a demi desséchée trahit leur demeure, et il est facile de les détruire ; mais le nombre en est quelquefois si grand que les vignerons renoncent à ce travail.

Voici un moyen indiqué par M. Morice, membre du comice agricole d'Auxerre, dans le journal *la Science pour tous*, pour préserver la vigne des insectes en général. On creuse autour de chaque cep un trou de quinze à vingt centimètres de profondeur ; cela s'appelle *décrotter*. Dans ce trou on jette deux ou trois poignées de chaux vive et autant de cendres lessivées ; on recouvre le tout de terre. Ce procédé, non-seulement préserve de toute attaque d'insectes, mais il a encore l'avantage d'être pour la vigne un stimulant actif.

LE LORIOT.

LES SAUTERELLES. — LES MANGEURS DE SAUTERELLES.

Il n'est pas possible de trouver un jaune plus pur, ni plus éclatant, ni plus beau que le jaune du loriot ; aussi les gens de la campagne ont-ils donné à cet oiseau le nom emphatique de *merle d'or*.

Le loriot ne quitte guère les bois, quoiqu'on en voie quelquefois dans nos grands jardins du Calvaire. Son nid est un chef-d'œuvre ; il le fixe à la bifurcation d'une branche et le suspend avec des fils de plantes ligneuses. Il se nourrit de la vermine, qu'il cherche dans les bois, le long des eaux et des fleuves. Il attaque les scarabées, les chenilles, les vermisseaux ; mais il préfère à tout ce menu l'*acridie* ou *grande sauterelle*, qu'il poursuit dans les champs de céréales voisins des forêts, où elle fait parfois des ravages qui rappellent ceux des sauterelles envoyées par Moïse pour punir Pharaon de son obstination à retenir captif le peuple de Dieu.

Loriot.

La femelle du loriot est un modèle de tendresse maternelle; les dénicheurs le savent trop bien. Tout occupée du soin de l'incubation, elle se laisse prendre sur son nid, et si on la transporte dans une chambre quelque peu tranquille, elle continuera à couver ses œufs et élèvera ses petits jusqu'à ce que la pensée de sa captivité la rende triste au point de se laisser mourir de faim, ce qui arrive toujours.

JOSEPH. — Vous avez parlé des sauterelles, Monsieur ; est-ce donc bien vrai ce qu'on raconte des ravages qu'elles occasionnent quelquefois dans certains pays ?

LE MAÎTRE. — C'est très-vrai, et, sans avoir recours à l'histoire ancienne, je puis vous citer des faits qui le prouvent plus que suffisamment.

Au mois de septembre 1863, par un temps très-calme et très-beau, les habitants de Grandiole, village situé à quelques kilomètres de Saint-Louis, furent très-étonnés de voir, du côté du nord, un nuage sombre qui s'avançait très-rapidement. Quelques instants après, ils entendirent un bruit singulier, assez semblable au roulement du tonnerre : c'était une nuée de grosses sauterelles de six à sept centimètres, qui vinrent s'abattre à cinquante mètres du village, et causèrent des dégâts incalculables dans les champs de maïs, qui étaient littéralement coupés cinq minutes après leur arrivée. Le nombre en était prodigieux ; un coup de fusil chargé de petit plomb, tiré dans la nuée, en tua plus de trois cents. On suppose que ces sauterelles venaient de provinces d'où elles avaient été emportées par le vent ou chassées par le feu.

Voici un fait bien plus récent. Au mois de janvier 1864, il s'est abattu sur le chemin de fer de Smyrne à Éphèse une telle nuée de sauterelles vertes, que les conducteurs des trains ont été obligés de ralentir leur marche et de n'avancer qu'avec de grandes précautions. Vous voyez, Joseph, que ce sont des nouvelles toutes fraîches.

JOSEPH. — Alors, lorsqu'une de ces nuées arrive, toutes les moissons sont perdues ?

LE MAÎTRE. — A peu près. Aussi dans les pays exposés à ces invasions, comme Smyrne, Chypre, il y avait autrefois une loi qui ordonnait de leur faire la guerre trois fois par an : 1° en détruisant leurs œufs ; 2° en écrasant leurs petits ; 3° enfin, en les tuant elles-mêmes.

ALEXIS. — Est-ce donc vrai que saint Jean-Baptiste en ait fait sa nourriture dans le désert ?

LE MAÎTRE. — Je n'y vois rien d'impossible, attendu qu'il y a des peuples qui s'en nourrissent encore aujourd'hui, et que l'on nomme pour cela *acridophages* (mangeurs de sauterelles) ; les Éthiopiens sont de ce nombre. Le Lévitique fait mention de quatre sortes de sauterelles dont Moïse avait permis aux Juifs de manger. Autrefois, à

Athènes, on en vendait sur les marchés comme chez nous on vend les oiseaux ; mais vous connaissez le proverbe : autre temps, autres mœurs.

JOSEPH. — Je ne sais rien de l'histoire de cet insecte ; voudriez-vous nous expliquer sa manière de vivre ?

LE MAÎTRE. — Émile, à qui, dans nos promenades d'été, j'ai montré des œufs et de jeunes sauterelles, en lui racontant les mœurs de ces insectes, va nous dire ce qu'il a retenu.

ÉMILE. — La sauterelle est de l'ordre des *orthoptères*. Il est inutile d'en faire la description : il n'est personne qui ne la connaisse. Ses œufs, au nombre de deux à trois cents, comme des grains d'anis, sont déposés en terre vers la fin de l'automne, après quoi la femelle meurt ; le mâle ne vit pas plus longtemps. Ce n'est qu'au printemps que ces œufs éclosent. Les petits qui en sortent n'ont guère que la taille d'une puce ; en naissant, ils sont d'un blanc sale, et deviennent noirs, puis roux en quelques jours. Ce sont de véritables petites sauterelles sans ailes. Au bout de vingt à vingt-cinq jours, et après avoir changé trois fois de peau et être devenue plus grande, la jeune sauterelle se prépare à un quatrième et dernier changement. Pour cela, elle cesse de manger et cherche un lieu favorable, c'est-à-dire une épine ou un chardon auquel elle s'attache. Elle se gonfle jusqu'à ce que sa peau éclate ; par l'ouverture elle sort sa tête d'abord, puis, faisant de nouveaux efforts, se dégage entièrement et laisse sa dépouille attachée au chardon ou à l'épine. Alors on voit ses ailes s'allonger au point de dépasser ses jambes de derrière. Mais comme ce travail l'a fatiguée et que la substance de son corps est encore molle, elle se laisse tomber à terre, où elle demeure ainsi une heure et plus. Ce temps écoulé, elle se met à bondir : elle est arrivée à toute sa perfection.

CHARLES. — Est-ce au moyen d'organes particuliers

qu'elle produit ce bruit étrange qu'on appelle le chant de la sauterelle ?

Le Maître. — Les auteurs ne sont pas d'accord sur les causes de ce chant, que l'on appelle *stridulation*. Les uns prétendent qu'il est produit par le frottement de ses dents, d'autres par le frottement de ses ailes, d'autres, enfin, par les pieds de derrière. Ce qu'il y a de certain, c'est que les mâles seuls possèdent les organes du chant.

Allons, Joseph, savez-vous maintenant ce que vous demandiez de savoir ?

Joseph. — Oui, Monsieur, et j'en suis enchanté.

Le Maître. — Alors nous terminerons là notre causerie d'aujourd'hui.

NEUVIÈME CAUSERIE.

LE MARTIN-PÊCHEUR.

LE MAÎTRE. — Le martin-pêcheur, que l'on rencontre fort rarement, est assez commun dans le canton de Dieuze, et l'on en voit fréquemment voltiger sur les rives de notre magnifique étang de Lindre. Sa nourriture ordinaire est le petit poisson ; mais quand les eaux sont gelées, il cherche dans les roseaux et les laîches des marais les cadavres des insectes fluviatiles. C'est le plus beau de nos oiseaux par la richesse et le luxe des couleurs ; mais il n'est pas gracieux et ne se pose jamais à terre.

LE MERLE

LE CERF-VOLANT.

Du mot latin *merula*, dont la racine signifie *tristesse*, et dont les Romains avaient fait le nom de notre merle, nous avons fait, nous, par corruption, le mot merle.

Le merle est défiant, sauvage, solitaire, mais certes il n'est pas triste ; c'est au contraire un des meilleurs chanteurs de nos forêts. Ce n'est donc pas en raison de son caractère, mais seulement à cause de l'obscurité de son plumage, que les Romains l'avaient ainsi nommé.

Le merle est de la même famille que la grive. Comme elle, il choisit pour demeure les endroits les plus solitaires des forêts. La force et la dureté de son bec lui permettent de faire la chasse à des insectes contre lesquels les autres oiseaux ne peuvent rien, tels que le *cerf-volant*, dont il perfore la cuirasse en le frappant à coups multipliés. L'escargot lui-même, malgré sa carapace, n'échappe point à ce terrible destructeur, qui le brise en le frappant contre des pierres. Quand, par hasard ou par caprice, il se fixe dans nos jardins, il les purge en même temps de colimaçons et de limaces et, comme la grive, détruit par milliers dans le cours d'une année, des chenilles et des vers nuisibles.

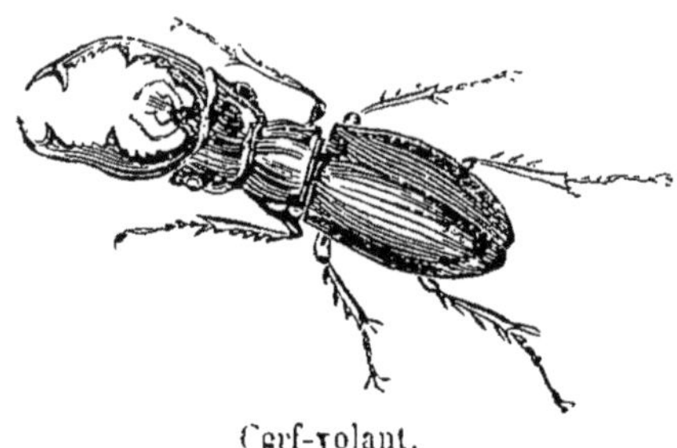

Cerf-volant.

Alexis. — Souvent, pour se moquer de quelqu'un, on lui parle du merle blanc ; pourquoi donc cela, Monsieur ?

Le Maître. — Parce que le merle blanc n'existe pas. Pourtant j'ai été témoin d'un fait très-bizarre, et qui me porterait à croire que l'histoire du merle blanc n'est peut-être pas un vain conte.

En 1847, j'habitais Mézières ; j'étais chez mon père. J'avais pour ami alors un bon vieillard de 75 ans, nommé Georges, et que nous appelions tout simplement le père Georges. Le père Georges avait une grande passion : les oiseaux. Or il arrive un jour que, dans ses excursions dans les forêts qui environnent Mézières, le père Georges trouve un nid de merles renfermant cinq petits, qui tous avaient la queue blanche. C'était là un fait curieux. Il élève donc ces cinq petits, mais il ne peut en sauver qu'un seul de la nue. Ce jeune merle a vécu deux ans. Il était d'un noir jais magnifique, et avait la queue d'une blancheur éclatante. Aujourd'hui il est empaillé et occupe le premier rang dans la collection de M. de Rez, maire de Zerdins.

JOSEPH. — Le merle brun et le merle jaune forment-ils deux variétés ?

LE MAÎTRE. — Il n'y a qu'un seul merle en Lorraine. Seulement les ignorants qui n'observent pas ont pris pour merle brun la femelle, qui est, en effet, de couleur brune et qui a le bec noirâtre ; et pour merle à bec jaune, le mâle, qui est noir et qui a le bec d'un jaune d'or admirable.

ALEXIS. — Je connais très-bien le cerf-volant dont vous nous parliez tout à l'heure : j'en ai pris assez ; mais je ne l'ai vu qu'à l'état d'insecte parfait ; comment se reproduit-il donc, Monsieur ?

LE MAÎTRE. — C'est le plus beau de nos coléoptères. Il dépose ses œufs dans les vieux arbres, surtout les tilleuls. Sa larve est blanchâtre, et subit toutes ses métamorphoses dans l'arbre où elle est née.

ÉMILE. — N'y a-t-il que cette variété ?

LE MAÎTRE. — Au cap de Bonne-Espérance, il y en a une variété bien plus remarquable que le nôtre ; on l'appelle *cerf-volant d'or*, parce qu'il a la tête et les ailes d'un jaune aussi brillant que ce métal. Les Hottentots, superstitieux comme tous les peuples ignorants, en ont fait un Dieu. Lorsque cet insecte entre dans une maison, on lui immole un bœuf. S'il se pose sur un homme, cet homme est regardé comme un protégé de la Divinité, et on lui rend les honneurs suprêmes.

A la Virginie, il y en a une variété plus curieuse encore. Le cerf-volant de ce pays a l'habitude d'aller se placer à l'extrémité de la plus haute branche d'un arbre ; là il fait entendre un sifflement aigu, perçant, pendant des heures entières. Quand il s'est bien amusé à ce jeu, il quitte son arbre, va se placer sur un autre et recommence la même musique.

LA MÉSANGE.

En Lorraine, on rencontre les mésanges dans tous les lieux et à toutes les saisons de l'année. Pendant l'été, les unes vont se cacher dans les profondeurs de nos belles forêts; les autres se contentent de nos vergers et de nos bosquets. Mais à l'automne, dès que les premières neiges ont couvert la terre et comme enseveli dans un immense linceul les derniers insectes et les dernières graines, elles reviennent toutes dans nos jardins.

C'est alors qu'on les voit voleter de branche en branche, parcourir chacune d'elles dans toute sa longueur et dans tous les sens, fureter dans toutes les fentes, les becqueter, afin d'y découvrir les insectes que le froid a engourdis.

La mésange est l'oiseau le plus fécond de notre pays, et c'est par centaines qu'il faut compter les chenilles qu'elle donne par jour à sa famille.

Le *Moniteur de la Meurthe*, du 20 mai 1863, en parlant des services rendus à l'agriculture par les oiseaux, disait : « Une nichée de mésanges est une bénédiction de Dieu dans un jardin. » Je le crois volontiers.

Les observations des naturalistes ont démontré qu'un couple de mésanges prend de quarante à cinquante mille chenilles ou vers pour élever sa famille. La mésange fait trois couvées par an ; c'est donc une moyenne de cent trente-cinq mille insectes qu'elle détruit dans une seule saison. Il faut ajouter à cela que son bec ayant la solidité de celui des oiseaux à graines, elle se nourrit d'une multitude de scarabées, que leur carapace rend invulnérables contre les poursuites des oiseaux à bec fin.

Charles. — Ne compte-t-on pas plusieurs variétés de mésanges ?

Le Maître. — On compte dans nos climats quatre variétés de mésanges : la *grosse mésange à tête noire*, nommée vulgairement la *charbonnière* ou *mésange brûlée;* la *petite charbonnière à tête noire;* la *mésange bleue* ou la *nonnette*, et la *mésange à longue queue*. Ces oiseaux sont connus de tout le monde, je n'en ferai pas la description, je me bornerai à indiquer leurs mœurs.

LA GROSSE MÉSANGE.

C'est la plus commune au printemps. Elle a une voix très-agréable, des variations moelleuses, pleines de goût et d'expression; mais à partir du mois de juillet cette voix devient rauque, criarde et ressemble au crissement d'une lime sur une scie, ce qui lui a fait donner, dans le midi, le nom de *serrurier*, et, dans le Berry, celui de *patron des maréchaux*.

Elle niche dans les creux d'arbre et même dans les trous de muraille. Son nid est composé de matières très-douces : de duvet, de plumes, de laine, de bourre, etc. Elle pond de huit à douze œufs, d'un bleu cendré, tachetés de roux, qu'elle couve douze jours. Vingt jours après l'éclosion, tous les petits sont sortis du nid ; mais les plus jeunes y reviennent tous les soirs, pendant quelque temps encore, tandis que leurs aînés se tiennent perchés aux environs.

LA PETITE CHARBONNIÈRE A TÊTE NOIRE.

Ses mœurs sont les mêmes que celles de la grande charbonnière ; seulement elle se tient plus souvent dans les lieux où l'on rencontre des pins, des sapins, des buis, des genévriers, des arbres toujours verts, dont elle mange les baies en temps de disette.

Sa ponte va quelquefois de douze à quinze œufs. Son nid est composé des mêmes matériaux que celui de la charbonnière aussi; mais ses œufs, un peu plus gros que de gros pois, sont d'un bleu magnifique tiqueté de brun.

LA MÉSANGE BLEUE.

La splendide beauté de cet oiseau, la prestesse et la grâce de ses mouvements en font un des plus beaux ornements de nos jardins.

Mésange bleue.

Le bleu céleste qu'ont tant rêvé les peintres n'approchera jamais du bleu céleste de la nonnette.

Elle passe tout l'été dans les bois, et ne se rapproche de nos habitations que vers la mi-septembre. Elle en chante pas et n'a qu'un gazouillement désagréable à l'oreille. C'est la plus féconde de la famille : j'ai trouvé plus d'une fois vingt-quatre œufs dans le nid de la mésange bleue. Ces œufs sont d'un bleu laiteux, et son nid, comme celui des deux précédentes, est placé dans le creux d'un arbre.

LA MÉSANGE A LONGUE QUEUE.

Elle est plus petite encore que la petite charbonnière et la mésange bleue, et sa queue est plus grande que tout le reste du corps ; on la rencontre assez rarement dans nos forêts. En été elle se retire au fond des bois, et c'est pour cela qu'on la connaît si peu. Ses habitudes se rapprochent de celles de ses congénères ; mais sa manière de construire son nid en diffère entièrement.

Émile. — Je croyais que tous les oiseaux de la même famille avaient toujours à peu près les mêmes mœurs.

Le Maître. — Il en est très-souvent ainsi ; mais ce n'est pas une règle générale, vous allez le voir.

Si le nid de la fauvette des roseaux, ainsi que je l'ai dit, est un chef-d'œuvre de construction, de coquetterie et de propreté, le nid de la mésange à longue queue est un chef-d'œuvre de prévoyance.

Ce nid a la forme d'un œuf ; il est fermé par le haut et le plus souvent appuyé sur l'une de ses pointes, à la bifurcation d'une branche. A l'extérieur, afin de ne rien laisser soupçonner aux regards indiscrets, la mésange l'a construit de mousse et de laîches complétement semblables à celles qui croissent sur l'arbre où il se trouve placé, de sorte qu'il peut échapper à l'œil du dénicheur le plus attentif, le plus rusé et le plus expert. A l'intérieur se trouvent des plumes et du duvet. Tantôt il n'a qu'une seule ouverture circulaire, sur le côté ; tantôt il en a deux vis-à-vis l'une de l'autre, l'une servant de porte d'entrée, l'autre de porte de sortie. Chacune de ces ouvertures est garnie de petites plumes implantées dans la bordure, se dirigeant toutes vers le centre et formant ainsi une sorte de rideau mobile que l'oiseau ouvre pour entrer, et qui se referme de lui-même, en raison de l'élasticité des plumes. N'ai-je pas dit que c'était un chef-d'œuvre de prévoyance !

Quelquefois la mésange à longue queue suspend son nid par des fils solides, et alors elle est obligée, pour y entrer, de se glisser sous la branche, qui la met, dans ce cas, à l'abri de la pluie et même du vent. Mais le plus souvent, je le répète, il est placé sur l'une de ses pointes, à la bifurcation d'une branche, et attaché sur la branche même. Elle fait de quinze à vingt œufs, de couleur gris bleu, plus pâles vers le gros bout.

Enfants, ne touchez donc jamais aux nids des petites mésanges ! Laissez-les élever en paix leurs nombreuses familles, qui, un jour, vous récompenseront au centuple de votre bonté de cœur, en détruisant les chenilles et les vers des fleurs de vos jardins.

LE MOINEAU.

LES PROSCRITS. — LE HANNETON. — LES YEUX A RÉSEAU.

Qui ne connaît le moineau ? C'est le premier oiseau que nous avons tous élevé, que nous avons nourri de notre pain, logé dans notre chambre, porté en classe avec nous ; que nous avons martyrisé, et qui, plus d'une fois, par un *cuic* indiscret, fortement et inopinément articulé, nous a valu quelque sévère punition.

C'est le plus calomnié de tous les oiseaux. Aussi notre causerie sera-t-elle un peu longue, parce que je veux, dès aujourd'hui, le réhabiliter dans votre esprit, comme il le sera bientôt, je pense, dans l'esprit de tous les cultivateurs.

JOSEPH. — Nous serions tous heureux, Monsieur, de revenir de la mauvaise opinion que nous avons de lui ; mais il me semble toujours que son procès est difficile à gagner.

LE MAÎTRE. — Auprès des gens ignorants et imbus de préjugés, oui ; mais auprès de vous, mes enfants, qui devez raisonner sans préventions, il n'en sera pas de même, et j'espère vous avoir bientôt convaincus.

Comme c'est surtout sur des faits que nous devons nous

appuyer, parce qu'ils sont plus propres à convaincre que tous les raisonnements possibles, je vais vous faire l'historique des proscriptions dont le moineau a été l'objet dans différents pays.

Je commence par les plus éloignés.

Une nuée de sauterelles, portées par une tempête des plaines de Madagascar à l'île Bourbon, avaient déjà dévoré une grande partie des récoltes, lorsque le nouveau gouverneur, M. Poivre, de Lyon, débarqua dans l'île en 1767. La consternation était générale, et au lieu des fêtes, des réjouissances qu'il espérait, il ne rencontra que des visages abattus, des moissons détruites, un pays où semblait avoir passé l'ange exterminateur dont parle l'histoire sacrée. C'était entrer en fonctions sous de tristes auspices; mais le gouverneur était une tête forte, et à peine s'était-il rendu compte du désastre que, comme le général romain, il se dit : De ces jours de deuil nous ferons des jours heureux. Et dès le lendemain, plusieurs vaisseaux partaient de l'île, sillonnaient les mers, voguaient à toutes voiles vers la France, et venaient chercher dans notre chère patrie tous les moineaux que pouvait séduire la passion des voyages. Les moineaux français, arrivés à Bourbon, furent placés sous l'égide de la loi et jouirent de toutes les immunités possibles. Quelques semaines après, les sauterelles avaient disparu et l'île avait repris sa luxuriante et plantureuse végétation. Mais, de même

Moineau.

que les gens à qui l'on accorde trop, les moineaux abusèrent bientôt de leurs privilèges, et, pensant que leur mission était de détruire toute la race des insectes, ils s'attaquèrent à tous indistinctement : bons et mauvais furent confondus. Cette fois le gouverneur eut peur : c'était lui qu'accusait de cette nouvelle plaie la rumeur bourbonne; car le remède paraissait aussi terrible que le mal. Il réunit son conseil privé, et la docte assemblée décréta la proscription des nouveaux venus.

Les moineaux raisonnent très-juste parfois, et en cette circonstance ils agirent en sages et se dirent : « Un caprice nous a amenés ici; un caprice nous en chasse, partons. » Et ils partirent sans rancune.

Une année, deux années se passèrent; puis les sauterelles, ayant appris, Dieu sait par quelle voie ! que leurs ennemis étaient proscrits, revinrent plus nombreuses, plus puissantes, plus voraces que jamais. et avec elles revint la consternation.

Le gouverneur sourit et réunit de nouveau son conseil privé, qui rapporta son décret de proscription.

De même que les pierrots raisonnent, ils sont de bonne composition; ce sont de ces natures excellentes qui savent supporter avec la même égalité d'humeur la bonne et la mauvaise fortune : ils étaient partis sans rancune, ils revinrent sans forfanterie. Depuis cette époque, ils ont été citoyens de l'île, à titre de gens indispensables.

De l'île Bourbon, nous nous transporterons, si vous le voulez bien, mes enfants, en Australie. C'est une nouvelle toute récente que je vais vous raconter.

En 1862, les environs de Melbourne furent tellement ravagés par les chenilles que les récoltes furent complétement perdues. La société d'acclimatation de la province, poursuivie par les milliers de réclamations que lui adressaient de tous les points les cultivateurs ruinés, et après avoir employé sans succès tous les moyens connus pour détruire les insectes, se ressouvint alors du gouverneur de Bourbon. A son exemple, elle fit des importations de moineaux anglais. Mais trop faibles, trop douillets, les moineaux anglais moururent tous en chemin, sans même avoir eu l'honneur d'une prise de possession. La société, plus désespérée que jamais, s'est adressée alors à l'Allemagne. Les moineaux allemands, forts, solides, sont partis gaiement, et à peine arrivés, ont fait main basse sur les chenilles, qui ont à peu près disparu aujourd'hui. Aussi le moineau est-il regardé en Australie comme le sauveur de la patrie.

Nous terminerons là nos voyages de long cours ; et nous allons revenir en Europe.

Le roi philosophe, l'ami de Voltaire, le grand Frédéric, se promenait grondeur dans le parc de son château de Sans-Souci. Une troupe joyeuse de moineaux vint s'abattre sur un magnifique cerisier dont le roi affectionnait tout particulièrement les fruits. Sans respect pour la dignité souveraine, pierrots et pierrettes se mirent gaiement et sans façon à becqueter à qui mieux mieux les cerises destinées à la table royale. Ils avaient mal choisi leur temps pour leur festin : le vieux Fritz (on nommait ainsi le roi Frédéric) était de mauvaise humeur ce jour-là. Il rentra immédiatement à son cabinet, se mit à écrire et écrivit longtemps ; puis des courriers furent expédiés dans toutes ses provinces, portant ordre de courir sus à tous les moineaux, sans distinction de sexe ni d'âge, sans admettre aucune circonstance atténuante. Les pauvres proscrits firent comme à Bourbon : ils se conduisirent en sages, se gardèrent bien de résister au grand roi, et s'enfuirent au plus vite.

L'année suivante, il y eut peu de cerises, parce que les chenilles avaient dévoré les feuilles et les fleurs des arbres ;

Frédéric murmura sourdement, mais il ne dit rien. Plusieurs années se succédèrent, et non-seulement le cerisier du parc royal, mais tous les jardins de la Prusse restèrent complétement stériles, et, par contre, les chenilles se multiplièrent d'une manière inquiétante. Comme il l'avait fait avec le meunier de Sans-Souci, le roi de Prusse sourit, reconnut combien il avait été injuste et signa un traité de paix avec les moineaux, qui revinrent plus que jamais se livrer à leurs joyeux ébats sur le fameux cerisier de Sans-Souci. On dit même que, depuis cette époque, le grand roi eut une certaine condescendance pour les hôtes ailés de ses terres, et qu'il disait souvent que les moineaux avaient été les plus généreux de ses ennemis.

Environ cinquante années après ces événements de l'histoire de nos proscrits, le gouvernement autrichien, oubliant la leçon donnée à la Prusse, sa voisine, résolut aussi la ruine entière de la famille des moineaux. Mais, au lieu d'établir des primes pour les destructeurs, il fit entrer la tête des condamnés en ligne avec les revenus de l'État. Chaque citoyen fut donc obligé, outre ses contributions directes, de fournir deux têtes de moineaux. Ce fut une Saint-Barthélemy de moineaux. Au lieu de deux têtes, c'était dix, vingt, cent têtes qu'apportait chaque paysan : c'était une véritable guerre d'extermination. Après quelques années de cette épouvantable boucherie, le pauvre moineau n'était plus, dans les provinces autrichiennes, qu'un oiseau légendaire.

Comme partout où le même fait s'était produit, les chenilles devinrent bientôt si nombreuses que le gouvernement dut s'inquiéter de leurs ravages : les moineaux furent rappelés ; mais la race entière paraissait détruite. Comment faire pour en importer d'étrangers ? On apprit alors que 600 des plus sages, au moment du massacre de leurs frères, comme les Benjamites, s'étaient réfugiés dans les montagnes du Tyrol. On les fit chercher en leur promettant une amnistie générale ; ils revinrent sans haine. Mais, de même que la tribu de Benjamin, après le massacre de Gabaa, resta toujours la plus faible, de même l'Autriche resta la plus pauvre parmi les nations de l'Europe.

Maintenant...

LES ENFANTS. — Monsieur, les faits que vous venez de nous raconter sont plus que suffisants pour nous prouver l'utilité du moineau ; nous vous remercions donc, et sous ce rapport nous sommes plus que satisfaits.

LE MAÎTRE. — Comment, vous êtes déjà fatigués de m'entendre ? Mais pensez donc que nous avons encore la Hongrie, le duché de Bade, l'Angleterre, la Belgique, la Saxe, la Russie et même l'Amérique, à voir dans notre excursion historique sur le moineau !

LES ENFANTS. — Nous vous assurons, Monsieur, que nous sommes tous convertis.

LE MAÎTRE. — C'est-à-dire que vous êtes à peu près convaincus que le moineau, loin de nuire à nos récoltes, nous sert efficacement en les préservant des ravages des insectes, mille fois plus redoutables que ses légères déprédations. C'est déjà la moitié de ma thèse gagnée ; reste la seconde partie.

Je dis donc encore que le moineau vaut infiniment mieux que la réputation que lui ont faite des gens prévenus, et que, sous le rapport des qualités du cœur, il ne le cède à aucun autre oiseau.

Je vous l'ai dit plus d'une fois déjà, et je vous le répète, j'ai été, enfant, le plus enragé éleveur connu. Mon pupitre de classe renfermait une boîte qui était une véritable ménagerie ambulante, où vivaient comme des frères, comme en famille, lézards, grenouilles, souris, pierrots ; peuplade hétérogène qui désolait ma pauvre mère, et qui la faisait souvent me menacer, en pleurant, de ces paroles prophétiques : « Victor, vous ne faites rien, vous ne serez jamais qu'un dénicheur d'oiseaux, malheureux enfant !... »

Eh bien, je me rappelle qu'en 1840, j'avais dix ans déjà, parmi les hôtes de ma boîte zoologique se trouvait un moineau mâle superbe. C'était mon favori ; il venait me prendre le pain à la bouche, buvait dans mon verre et couchait à la tête de mon lit. Je l'avais surnommé Coco. Par exception, Coco était aussi le favori de ma bonne mère, qui aimait les oiseaux comme moi, mais qui pourtant me grondait, parce que mes goûts passionnés pour l'histoire naturelle ne se bornaient pas à l'ornithologie, mais embrassaient les quatre embranchements de la zoologie. Coco, du reste, était fort aimable ; il me suivait partout, perché sur mon épaule, et ne recevait rien que de ma main. Aussi, combien j'étais heureux d'avoir dressé un pareil élève !

Un jour, je vis arriver à la maison un homme que je ne connaissais pas, un paysan tout attristé ; c'était un messager qui venait nous chercher pour aller à l'enterrement d'une vieille tante de mon père, qui habitait un village de la Moselle. Mon père m'emmena avec lui ; nous fûmes deux jours absents. A notre retour, ma mère se jeta à mon cou en m'embrassant d'une manière toute particulière ; je compris tout. Aussitôt après mon départ, Coco était devenu triste, m'avait cherché partout, était allé enfin se poser sur mon lit, et s'y était laissé mourir de faim.

Vous connaissez-vous beaucoup d'amis semblables, mes enfants ?

Émile. — Vous nous faites là, Monsieur, une question embarrassante.

Le Maître. — Aussi je vous dispense d'y répondre, et je passe à un autre fait.

Pendant les grands froids de l'hiver, une jeune fille regardant, de sa fenêtre ouverte, la neige qui tombait, vit un pauvre moineau tout transi, tout grelottant, couché derrière les volets de la maison. Elle prit le pauvre oiseau à demi-gelé, le réchauffa, le rappela à la vie, le garda auprès d'elle, n'épargnant rien pour lui rendre la captivité aussi agréable que possible. Après quelques jours, Fifi (elle l'avait ainsi nommé), oubliant ses souffrances passées, était d'une gaieté sans égale. La jeune fille était heureuse ; mais pourtant elle avait quelques remords : elle pensait qu'il n'est pas permis à l'homme de rendre captives des créatures que Dieu a faites libres. Plus d'une fois elle ouvrit la fenêtre pour rendre la liberté à son pierrot ; chaque fois l'oiseau sortait, mais revenait bientôt. Elle le conserva ainsi deux années entières. Un marchand d'oiseaux ayant un matin passé dans la rue, il vint à la jeune fille l'idée de donner un compagnon, un ami à Fifi : elle acheta un chardonneret. Dès qu'il se vit un rival dans l'attachement de sa maîtresse, le moineau parut inquiet et comme accablé d'un chagrin mortel. Puis il sembla prendre une résolution extrême, et aussitôt qu'il vit la fenêtre ouverte, il prit son vol et, comme le corbeau de Noé, ne revint plus.

Vous le voyez, mes enfants, c'est là un attachement d'un autre genre, mais qui n'est pas moins digne de notre admiration.

JOSEPH. — Et de tous nos éloges.

LE MAÎTRE. — Voici un troisième fait ; ce sera le dernier.

Un misérable moinillon était tombé du nid maternel dans la rue. Passe un petit garçon, qui prend pitié de l'imprudent et le porte à son père, un pauvre cordonnier. Le disciple de saint Crépin, qui était un excellent cœur, et qui savait qu'une bonne action porte toujours en soi sa récompense, élève avec sa famille le moineau, qui, en quelques semaines, devient le plus joyeux convive de la maison, sous le nom patronymique de Friquet. Friquet n'était point prisonnier ; il allait, prenait ses ébats dans le jardin et revenait ponctuellement aux heures réglementaires des repas et du coucher. Mais un soir il ne rentre pas, on était alors au printemps. On l'attendit vainement le lendemain; les jours suivants, on l'attendit encore; enfin chacun prit son parti et l'on ne pensa plus au fuyard.

Quelques semaines après, le cordonnier, en battant sa semelle, en chantonnant comme le savetier de La Fontaine, fut tout surpris de voir faire irruption dans sa chambre toute une couvée de moineaux, dont l'un vint se poser familièrement sur son épaule : c'était Friquet, qui, pendant son absence, était devenu père de famille, et amenait tous ses petits avec leur mère à son bienfaiteur.

C'est là mon dernier fait, je vous l'ai dit ; cependant, j'ajouterai encore que le moineau a le plus grand soin de ses petits, et que, bien longtemps avant la ponte de la femelle, il travaille à préparer la demeure qui servira d'asile à sa famille future. C'est encore un acte de prévoyante tendresse qui milite en sa faveur.

Maintenant, Émile va nous dire ce qu'il sait du moineau.

Émile. — Le moineau, lorsqu'il a des petits, détruit environ 400 insectes par jour; parmi ces insectes ceux qu'il préfère sont le hanneton, le puceron, la pyrale et le coupe-bourgeon.

Larve du hanneton.

Nous connaissons les trois derniers, je ne parlerai donc que du *hanneton*. Le hanneton, avant d'arriver à l'état d'insecte parfait, a été larve. C'est sous cette forme qu'il fait le plus de tort aux plantes, parce qu'il y passe trois ou quatre années. La larve du hanneton est un gros ver blanc que tout le monde connaît. Ce ver se tient sous terre, où il se nourrit de la racine des plantes. Ses dégâts sont incalculables. En voici un exemple.

Les journaux ont rapporté qu'en 1854 un pépiniériste des environs de Paris a perdu pour 30 mille francs de jeunes arbres, dont les larves du hanneton avaient rongé les racines.

A l'état parfait, le hanneton attaque les grands végétaux, dont il dévore les feuilles, et leur occasionne une sorte de maladie qui les fait languir quelquefois deux ou trois années, sans qu'ils puissent reprendre leur force première.

Voilà à peu près tout ce que j'ai étudié du hanneton.

Maintenant, Monsieur, je me permettrai de vous demander, à propos de cet insecte, le sens d'une expression que je n'ai pas comprise. J'ai lu que le hanneton a des *yeux à réseau*. Qu'est-ce que cela veut donc dire ? Je n'ai jamais remarqué chez cet insecte que deux gros yeux assez semblables à ceux des mouches, des guêpes...

LE MAÎTRE. — Jusqu'ici, mon enfant, je n'ai pas abordé cette question, parce qu'elle exige des détails dans lesquels je ne saurais entrer sans sortir du petit programme que nous nous sommes tracé ; mais, puisque le hanneton nous amène à en parler, nous allons la traiter très-succinctement, mais pourtant de manière à vous en donner au moins une première idée.

Ce sont les organes de la vue que les entomologistes ont étudiés avec le plus d'attention et le plus de patience ; et, en général, ces organes sont, de toutes les parties des insectes, les plus propres à nous montrer quelle sage prévoyance la nature a mise dans la structure des êtres que nos faibles lumières nous font placer au dernier degré dans la création, mais que les grands observateurs ont reconnus appartenir, au contraire, aux classes les mieux organisées. Les yeux à réseau surtout ont été l'objet d'une vive admiration de la part des premiers savants qui se sont livrés aux observations microscopiques. Au premier regard, l'œil de la mouche, par exemple, semble un œil unique, assez peu brillant ; mais cet œil est en réalité formé de petits yeux d'une conformation parfaite. A la vue simple, cet œil paraît poli comme une glace ; mais, avec un instrument puissant, on le voit comme taillé et formant une multitude de facettes semblables à des diamants hexagones et disposés avec une régularité géométrique. Ce sont ces yeux que l'on nomme *yeux à réseau* ou *yeux à facettes*.

ÉMILE. — Vous avez dit, Monsieur, qu'il y a une multitude de facettes ; cependant l'œil d'une mouche est bien petit...

LE MAÎTRE. — Pour vous donner une idée de la puissance créatrice de la nature, je vais vous citer quelques chiffres donnés par des savants qui font autorité. M. Milne Edwards dit qu'on compte 9,000 facettes dans l'œil du hanneton. Hoock en a compté 8,000 sur l'œil d'une mouche, et Leuwenhoeck en a trouvé 14,000 dans les deux yeux d'un bourdon ; et ce qu'il y a de plus prodigieux, c'est que chacune de ces facettes forme un œil complet, de sorte qu'un hanneton a réellement 18,000 yeux, une mouche 16,000 et un bourdon 14,000.

ÉMILE. — Mais est-on bien sûr que ce soient là autant d'yeux ?

LE MAÎTRE. — Les expériences qui ont été faites à cet égard par les hommes les plus éminents dans les sciences naturelles, et notamment par MM. Puget et de Réaumur, ne laissent aucun doute. Le Créateur de toutes choses, en ne permettant pas que les yeux des insectes fussent mobiles, a suppléé à cette bizarre infirmité par le nombre et la position de ces yeux.

ÉMILE. — Mais avec tant d'yeux, les insectes doivent voir en même temps des milliers de fois le même objet ?

LE MAÎTRE. — Du tout, mon enfant ; nous qui avons deux yeux, nous voyons les objets simples ; il en est de même chez les insectes... N'est-ce pas, mes enfants, que le plus petit insecte peut occuper des années entières l'intelligence la plus élevée?

Voulez-vous continuer, Émile? car vous devez savoir encore quelque chose, ne serait-ce que les moyens d'arrêter les ravages du hanneton, et l'utilité que l'on peut tirer de sa dépouille.

Émile. — J'ai lu cela, mais je suis obligé d'avouer que je ne me rappelle plus rien.

Le Maître. — Je vais donc vous indiquer moi-même ce que le cultivateur doit faire pour préserver, autant qu'il est possible, ses champs des ravages de ce terrible insecte :

1° Le cultivateur doit d'abord protéger la pie, le corbeau, le moineau et une foule d'autres oiseaux très-friands de la larve du hanneton et du hanneton même.

2° Après ses labours, il doit, s'il le peut, conduire sur ses terres, ses poules, ses dindons, qui se font un régal des vers blancs que la charrue a découverts.

3° Après ses moissons, s'il le peut encore et sur les terres qu'il veut préserver, il doit semer du colza, et aussitôt que la plante couvre la terre, l'enterrer par un labour de 20 centimètres. Le colza pourri est un poison pour le ver blanc et un engrais pour la terre.

4° Dans les sols peu profonds, il lui suffit de labourer la terre aux approches de l'hiver : la gelée fait périr le ver blanc.

Pour vous donner encore une idée des pertes que peut occasionner cet insecte, je vais vous citer des chiffres officiels.

En 1863, dans le canton de Bâle, le gouvernement a consacré un millier de francs à la destruction du hanneton. Les femmes et des enfants, préposés à cette chasse, en ont ramassé 12 millions. Les recherches des savants ont constaté que sur 100 individus il y a 45 femelles, ce qui équivaut à 5,400,000 femelles pour ces 12 millions. Chaque femelle pond en moyenne 40 œufs, ce qui produit 216 millions de vers blancs pour ces 5,400,000 femelles. *Deux cent seize millions !* Comprenez-vous ce qui peut résulter d'un pareil chiffre?

La guerre faite, on a essayé d'utiliser les cadavres ; on en a fait de l'huile pour graisser les voitures ; cette huile est bonne aussi à brûler, mais elle a une odeur détestable.

Enfin on a fait sécher les hannetons et on les a réduits en poudre ; on a obtenu une sorte de farine dont la volaille se repaît avec volupté.

CHARLES. — Mais tous ces petits profits sont une bien faible compensation ?

LE MAÎTRE. — Oh ! certainement. J'espère donc que le moineau, si souvent persécuté par les gens ignorants, sera protégé par vous, qui connaissez maintenant les services qu'il nous rend.

CHARLES. — Assurément, Monsieur, ce que vous nous avez raconté nous a tout à fait convaincus... Si vous nous le permettez, nous vous demanderons pour récompense de notre attention le récit de quelque anecdote?

LE MAÎTRE. — Je le veux bien, mes enfants ; mais ce sera pour notre prochaine causerie.

DIXIÈME CAUSERIE.

LE MAÎTRE. — Une circonstance imprévue ne me permettra, mes enfants, de consacrer à notre dixième causerie que bien peu d'instants. Je ne vous parlerai donc aujourd'hui que du motteux et de la perdrix; j'y ajouterai seulement la petite anecdote que je vous ai promise à notre précédente réunion, laissant pour notre prochaine causerié l'histoire de la pie et du pinson, dont j'avais l'intention de vous entretenir aujourd'hui.

LE MOTTEUX.

RUSES DES OISEAUX.

Partout où l'on voit des terrains en friche, des jachères, des sillons nouvellement retournés, on rencontre le motteux : c'est le compagnon du cultivateur. Il le suit partout, l'accompagne dans les travaux fatigants du labour, et, tout en cherchant sur la terre fraîchement remuée les petits vers, les larves d'insectes, il le distrait par sa gentillesse. Quoique timide, craintif, il ne fuit pas devant l'homme ; il ne fait que sauter d'une motte à l'autre, laissant voir alors la tache blanche qu'il a au croupion et que couvrent ses ailes : d'où lui sont venus les noms de *motteux, tourne-motte*, *brise-motte*, *cul-blanc*. Dans les campagnes, on le nomme *le maréchal*, de l'habitude qu'il a de balancer sa queue et de paraître en frapper la terre.

Emile. — A Dieuze, on le nomme *tictac-maréchal* et on le connaît très-peu.

Le Maître. — Le motteux est de la grosseur de la charbonnière, mais un peu plus court. Il ne chante pas, seulement il fait entendre, lorsqu'il est posé et lorsqu'il prend son essor, un petit cri : *titreue, titreue, titreue,* qu'il traîne. Il ne passe que l'été chez nous ; il arrive dès les premiers jours d'avril et nous quitte vers la fin du mois de septembre. Il commence son nid vers la mi-avril. Ce nid est placé, dans les prés, derrière une touffe d'herbes ; dans les friches, derrière une pierre ou une motte de terre ; dans les carrières abandonnées, et jusque dans les murailles des masures en ruines. Il est fait de mousse, et garni à l'intérieur de laine, de crins et de plumes.

Motteux.

La femelle pond cinq ou six œufs, d'un bleu de ciel très-pâle, mais foncé au gros bout ; elle couve quatorze jours, et pendant tout ce temps le mâle lui sert de pourvoyeur, lui apporte à manger et emploie ensuite les petits moments de loisir que lui laisse le soin de sa compagne à dépister les dénicheurs. Voici comment il s'y prend : il se tient ordinairement à 50 ou 60 mètres de son nid ; aussitôt qu'il aperçoit dans la campagne quelque quidam qui semble se rapprocher du lieu où couve sa femelle, il court au-devant de cet indiscret, se pose à quelques pas de lui, puis se lève et va se placer à quelques pas plus loin et dans une direction opposée à son nid ; se lève de nouveau et va encore se placer un peu plus loin, toujours dans la direction qu'il a adoptée; semble inviter le quidam à le suivre; puis tout à coup, lorsqu'il juge que le danger est conjuré, il s'envole rapidement en décrivant une demi-circonférence et revient ainsi aux lieux d'où il est parti.

Alexis. — Vous l'avez déjà vu, Monsieur, tromper ainsi les chercheurs de nids ?

Le Maître. — Je me suis amusé plus d'une fois à suivre le motteux, dont pourtant je connaissais le nid ; il lui est arrivé souvent de me conduire ainsi à une distance d'un kilomètre. Toujours ces courses gratuites que je faisais me plongeaient dans de profondes méditations. J'admirais la bonté de Dieu, qui a donné aux plus faibles créatures cet instinct merveilleux qui les guide, les défend et qui parfois déjoue les plus sublimes combinaisons de l'intelligence humaine.

Que le motteux soit votre ami ; laissez-le vivre en paix, il aime tant ses enfants!

LA PERDRIX.

LA LANTERNE MAGIQUE. — LES ARAIGNÉES SAVANTES.

La perdrix a une physionomie que tout le monde connaît. De même que la caille, elle vit dans nos prés et nos champs. Au contraire de celle-ci, elle n'émigre pas et se cantonne dans certaines étendues de terrains qu'elle abandonne rarement.

La perdrix a le vol brusque, bruyant, rapide, mais peu élevé et de peu de durée. Elle n'a pas de chant proprement dit, mais une sorte de cri sec, guttural, dur, qui consiste en deux ou trois notes fréquemment répétées.

La perdrix, comme la caille, se nourrit de graines, de petits vers de terre et d'œufs de fourmis.

Maintenant, mes enfants, je vais vous raconter l'anecdote que je vous ai promise. Cette anecdote, que j'ai lue dans un journal et que je vais vous rapporter presque mot à mot, tant je l'ai lue de fois, vous montrera que pour l'observateur, ainsi que je vous l'ai dit souvent, les insectes sont des maîtres dont les leçons ont quelquefois un prix inestimable.

A la foire de Dieuze, vous avez tous vu cette année, de même que les années précédentes, des panoramas. Cette invention ne date pas de loin, et le premier parut en France, il n'y a guère que 60 ans. Il excita vivement la curiosité des gens du monde et des savants. Le directeur de ce panorama était un Américain, homme jeune encore, d'une rare beauté de physionomie et d'une grande distinction de manières. Il cachait avec un grand mystère la simplicité des moyens qu'il employait pour produire ces illusions d'optique, et, par un charlatanisme très-innocent, laissait croire à une grande complications de machines. Chacun, ignorant ou instruit, se livrait donc aux plus extravagantes suppositions à cet égard; la vérité était trop facile à deviner pour qu'on la devinât, et on se jetait dans mille conjectures absurdes et éloignées. On ne parlait que de panoramas. Les membres de l'Institut eux-mêmes ne restèrent point indifférents au milieu de l'effervescence générale des imaginations. Trois d'entre eux résolurent d'aller étudier sur les lieux les phénomènes produits par le jeune Américain. C'était Volney, Monge et Laplace, les trois hommes les plus instruits de l'époque. Ils se rendirent donc au théâtre ambulant. Quand ils eurent bien vu, bien cherché et bien disserté, sans arriver à rien comprendre, ils résolurent de demander au directeur de les initier au mécanisme de son spectacle, en lui faisant la promesse de garder religieusement son secret et de jurer sur l'honneur de ne le révéler à personne. L'employé du panorama auquel ils s'adressèrent les introduisit dans un petit cabinet où ils trouvèrent le jeune Américain occupé à regarder avec une profonde attention un vase de verre rempli d'eau. Sans hésiter et avec une grâce charmante, dès qu'ils lui en eurent communiqué le désir, il leur dévoila les secrets du panorama. Mais, tout en parlant, il ne cessait de porter des regards attentifs vers le bocal rempli d'eau. Les savants étaient charmés de trouver tant de science dans un simple cornac de spectacle public; ils lui demandèrent à quelles études il se livrait avec ce bocal, qu'il paraissait ne pas vouloir quitter des yeux. « Depuis huit jours, leur répondit-il, un insecte m'enseigne un merveilleux secret. Ce secret donnerait à la nation qui l'adopterait la domination des mers. Regardez, voyez-vous dans ce bocal, parmi les débris de roseaux et d'herbes qui en couvrent le fond, une petite araignée longue de cinq lignes à peu près? Depuis huit jours j'étudie les travaux de cette araignée, que le hasard m'a fait trouver dans les marais de Gentilly. Cette araignée vit dans l'eau, mais elle a besoin d'air pour respirer. C'est là son secret, que Dieu lui a enseigné, et qu'elle m'a enseigné à son tour. Voici comment Dieu lui a enseigné à résoudre ce problème, devant lequel aurait reculé Newton lui-même. Elle nage dans une position renversée, et son abdomen se trouve enveloppé d'une bulle d'eau qui donne l'apparence d'une perle d'argent, irisée de mille reflets de nacre. Alors elle se place à la superficie de l'eau, elle s'y tient suspendue et élève au-dessus de la surface liquide la partie postérieure de son corps. Car, vous le savez, c'est au ventre que la nature a placé chez les arachnides l'orifice des organes de la respiration. Elle respire avec force, elle hume l'air tant qu'elle peut, puis elle s'enfonce dans l'eau et rend doucement l'eau dont elle a gorgé ses poumons avec excès; les longs poils soyeux, barbus et gras dont elle est revêtue retiennent à son corps la bulle dont vous la voyez entourée. Maintenant la voilà qui plonge avec précaution et qui emporte, dans sa cellule, cette provision d'air, afin de renouveler celui qu'elle a consommé. Elle rentre dans son nid ; elle s'y met à l'affût, la tête en bas, afin de guetter la proie qui pourrait venir à passer devant elle. Voici un petit ver qui s'agite. Malheur à lui ! Elle s'élance, elle le saisit, elle l'emporte dans son nid de gaze, dans ce nid construit avec tant d'intelligence et de génie ! Du génie, oui, messieurs ; car d'abord, tandis qu'elle le tissait, il se trouvait plein d'eau. Eh bien, une fois son œuvre achevée, elle est allée chercher de l'air à la surface et a entrepris plus de cent voyages. Chaque bulle qu'elle introduisait dans la cloche, montant en haut, se trouvait arrêtée par le sommet du nid, et déplaçait une égale quantité d'eau qui sortait par l'issue inférieure. A la fin, la cellule ne s'est plus trouvée contenir que de l'air.

« Messieurs, si je n'avais juré de renoncer à tous mes projets d'invention, je m'approprierais le secret de l'araignée. Je construirais des bateaux suivant le système de l'insecte ; ces bateaux sous-marins permettraient d'aller attacher, sous les bâtiments de guerre sans défiance, des pétards qui les feraient éclater. La nation à qui je donnerais mon secret deviendrait la reine absolue des mers. Mais laissons là de pareilles pensées, ajouta-t-il en serrant avec une expression douloureuse ses deux mains sur son front. J'ai besoin de repos, et si je tentais de faire réussir la pensée qui me dévore depuis huit jours, il faudrait renoncer encore une fois à la tranquillité, à la fortune, au bonheur ! J'aime mieux mourir obscur et paisible ! Je continuerai à monter ma lanterne magique. »

Volney, Monge et Laplace, émerveillés de ce que l'Américain venait de leur apprendre, l'engagèrent à ne point se laisser abattre par le découragement, et lui promirent leur protection. Quelques années après, des bâtiments de guerre, en station de nuit dans la baie d'Hudson, virent passer au loin dans la mer un étrange vaisseau que surmontait une couronne fantastique de flammes et de fumée ; les matelots, rassemblés sur le port, effrayés par ce panache de feu et par le mugissement de l'eau, se précipitèrent à fond de cale ; car ils croyaient voir le *vaisseau hollandais*, que les traditions de bord disent être peuplé de fantômes dont la vue donne la mort. Il n'y avait pourtant rien là de l'œuvre du démon : c'était le premier bateau à vapeur, *le Claremont*, inventé par Hubert Fulton, le beau jeune homme qui montrait le panorama et qui étudiait les secrets de l'araignée.

Fulton mourut en 1815, âgé seulement de 49 ans et dans toute la force de sa grande intelligence.

Émile. — Cette araignée si curieuse, dont vous venez de nous parler, a-t-elle un nom scientifique ? Où la rencontre-t-on ?

Le Maître. — Les naturalistes la désignent sous le nom d'*araignée aquatique ;* on la trouve assez souvent dans les eaux des étangs et des mares.

Émile. — Ce doit être l'espèce la plus intelligente ?

Le Maître. Non ; dans le midi de la France on en rencontre une autre dont les travaux sont bien plus surprenants encore ; on l'appelle *araignée maçonne* ou *araignée mineuse*. Elle est très-rare, et jusqu'ici il n'y a guère que M. l'abbé de Sauvages qui ait observé et étudié ses mœurs. Elle ne tend point de piége comme les autres, et paraît ne sortir que la nuit pour chercher sa pâture ; toute la journée, elle se tient tranquille, dans une sorte de terrier qu'elle creuse sous terre à 30 ou 40 centimètres de profondeur. C'est dans la construction de cette habitation qu'elle déploie toute son ardeur et toute son intelligence. Elle met d'abord tous ses soins à choisir l'emplacement de son domicile ; elle s'arrête ordinairement à un terrain sans herbes, sans pierres, un peu incliné pour que l'eau s'écoule

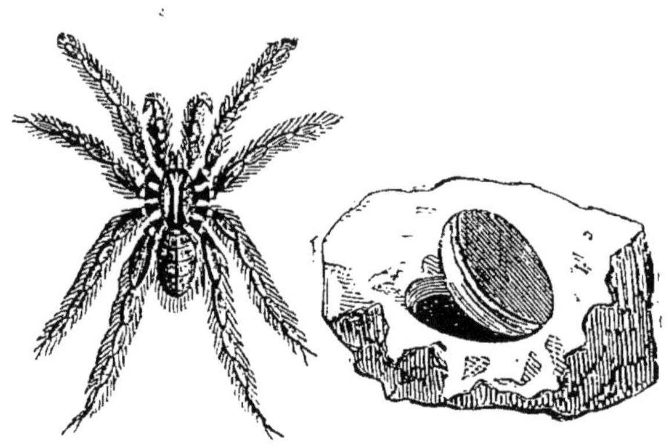

Araignée maçonne et son terrier.

sans l'endommager. Elle se met ensuite à l'œuvre, et, à l'aide de deux pinces qu'elle porte à la tête, elle creuse un trou cylindrique d'un diamètre suffisant pour s'y mouvoir à l'aise ; puis elle en tapisse les parois d'une toile qui lui permet de monter et de descendre facilement. Le terrier est creusé, il faut maintenant en fermer l'ouverture ; c'est ici que l'insecte va déployer toutes les ressources de son intelligence.

A l'aide de ses pinces, la *maçonne* pétrit de la terre, à laquelle elle mêle de longs fils pour la consolider, et en forme une trappe qui ferme exactement l'entrée de son domicile, et qu'elle garnit de fils qui feront l'effet de charnières, du côté le plus élevé, afin que la porte se ferme d'elle-même et par son propre poids. Tout, dans ses travaux, a été si bien calculé que rien ne peut trahir cette demeure souterraine ; la porte, en effet, s'adapte admirablement, en s'emboitant dans une sorte de feuillure que l'insecte a creusée sur les bords de l'ouverture. M. de Sauvages dit avoir essayé plus d'une fois d'ouvrir cette porte à l'aide d'une épingle, et avoir éprouvé chaque fois une assez forte résistance de la part l'insecte, qui s'y était suspendu et s'accrochait aux parois de son domicile pour en défendre la violation.

C'est le seul exemple de ce genre que l'on connaisse...

N'est-ce pas, une fois encore, que le plus petit insecte peut occuper pendant des années entières l'intelligence la plus élevée?

ONZIÈME CAUSERIE.

LA PIE.

PRÉJUGÉS. — LES ASTROLOGUES.

Le Maître. — La superstition, qui a tout exploité, a fait de la pie un oiseau de malheur. C'est là un des mille préjugés qui ont encore créance parmi les habitants des campagnes, et que l'instruction seule pourra détruire.

Émile. — Est-ce là une croyance générale, Monsieur ?

Le Maître. — A peu près. Seulement elle a des variantes dans chaque pays. Ainsi le naturaliste Ardant dit que, dans le nord de l'Angleterre, la vue d'une pie isolée est regardée comme un signe de malheur ; la vue de deux présage le bonheur ; la vue de trois annonce la mort, et de quatre, un mariage.

Il n'est pas besoin que je vous répète, mes enfants, que ce sont là des contes, bons tout au plus à occuper les vieilles femmes et les gens simples.

La pie est véritablement omnivore, c'est-à-dire qu'elle se nourrit de fruits, d'insectes, de hannetons surtout, et de viande corrompue. Elle saisit adroitement au vol les mouches et les insectes ailés. Souvent, dans la campagne, on la voit se poser sur le dos des cochons et des brebis, et les becqueter pour saisir la vermine qui les dévore. Elle se tient ordinairement dans les bois et ne s'approche des habitations que pendant l'hiver.

Émile. — Ces idées superstitieuses qui se rattachent à la pie n'auraient-elles pas leur source dans le plumage de l'oiseau, dont le blanc et le noir sont si nettement tranchés ? J'y ai pensé plus d'une fois déjà, et je crois même avoir trouvé pourquoi la classe ignorante en a fait un oiseau de mauvais augure.

Pie d'Europe.

Le Maître. — Expliquez-nous alors vos idées, mon cher Émile.

Émile. — Dans le monde, en général, on n'aime pas les gens à double face, dont la bouche souffle le chaud et le froid, comme je l'ai lu dans *La Fontaine* ; c'est-à-dire qui aujourd'hui disent oui et demain non, ou bien encore, qui aujourd'hui sont pour le noir et demain pour le blanc. Ces gens sont des sots ou des trompeurs. N'aurait-on pas cru voir dans la pie comme la figure symbolique de la duplicité ?

Le Maître. — Ce raisonnement, mon ami, semble assez juste ; je me le suis fait souvent aussi, et peut-être ne sommes-nous pas loin de la vérité. Mais, quoi qu'il en soit, pour nous, mes enfants, qui n'avons pas de préjugé, la pie est une créature de Dieu, inoffensive comme tous les oiseaux que nous étudions.

Émile. — Puisque nous parlons de préjugé, je vous prierai de nous dire comment il a pu se faire que des hommes savants se soient égarés jusqu'à prétendre pouvoir prédire l'avenir d'un individu par l'étude de l'état du ciel au moment de sa naissance ?

Le Maître. — Cette prétention, comme bien d'autres que nous rejetons sans les étudier nous-mêmes, peut paraître absurde à première vue. Cependant en y réfléchissant un peu, on trouve à cela des motifs qui l'expliquent, s'ils ne le justifient pas. Raisonnons un peu. Dans ces journées pluvieuses de l'automne dernier, dites-moi, en vous levant, le matin, ne vous sentiez-vous pas triste à la vue de cette pluie qui, la veille déjà, était tombée sans discontinuité, et qui pourtant ne paraissait pas devoir s'arrêter de quelques jours encore ?

Émile. — Oh ! si, Monsieur ; la pluie d'automne m'attriste toujours.

Le Maître. — Dans les belles journées de printemps, au contraire, où le soleil brille de tout son éclat, où la nature est parée de toutes ses fleurs, où les oiseaux de nos bosquets, par leur innocente, et intarrissable gaieté, semblent, dans leur langage harmonieux, bénir le créateur de toutes choses, lui adresser les témoignages de leur reconnaissance pour le bien-être qu'ils lui doivent, dites-moi encore, ce brillant soleil, cette beauté des fleurs, cette gaieté des oiseaux, ne vous rendent-ils pas heureux vous-même ?

Émile. — Oh ! Monsieur, le soleil, les fleurs, les oiseaux... c'est si beau !

Le Maître. — Eh bien, mon enfant, les anciens reconnaissaient, comme vous le reconnaissez vous-même, que les objets qui nous environnent, les agents extérieurs, comme l'on dit, ont une grande influence morale sur le caractère des individus ; ils reconnaissaient de plus que cette influence devait être à son plus haut degré de puissance aux premiers moments de la vie, les organes étant alors d'une faiblesse extrême et abandonnés par là même à toutes les impressions extérieures. Ils croyaient donc que l'état du ciel au moment de la naissance pouvait déterminer, dans une mesure limitée sans doute, les qualités physiques d'un individu ; et, comme dernière conséquence, ils prétendaient que ces qualités physiques devaient elles-mêmes engendrer des qualités, ou au moins des prédispositions morales correspondantes. De là est venue l'idée de consulter le temps, les astres, si vous aimez mieux. Ce sont là, je le sais, des considérations hors de votre portée ; cependant elles doivent vous faire comprendre, mes enfants, que les principes des astrologues anciens n'étaient pas, comme certaines gens le pensent, entièrement dépourvus de justesse, et que dans leurs erreurs il y a souvent un fond de sagesse dont l'homme sensé, réfléchi, sait faire son profit. Ce système des astrologues n'avait donc rien d'inconséquent; seulement, tout occupés, trop occupés peut-être de leurs études, ils oubliaient que de tels principes sont incompatibles avec l'idée d'un Dieu souverainement juste, qui a dû laisser à l'homme, sa créature privilégiée, une liberté d'action entière, absolue, d'où résulte la moralité de son choix entre le bien et le mal, et sans laquelle il n'y aurait ni vices ni vertus.

Charles. — C'est bien singulier, Monsieur, tout en condamnant les astrologues, vous savez leur donner en quelque sorte raison.

Le Maître. — Mon ami, étant homme comme eux, je suis quelquefois aussi entraîné vers l'erreur : j'ai donc pour mes semblables la même indulgence que je réclame pour moi ; et ce n'est pas là de la vertu, ce n'est que de la justice. Ne condamnons personne, et surtout ne condamnons pas sans un examen approfondi, minutieux, et nous ne serons pas condamnés.

LE PINSON.

L'ALTISE, OU PUCE DE TERRE.

Aussitôt que le soleil de mars a fondu les dernières neiges, et que la nature entière, sortant de son long sommeil, semble renaître à la vie, le pinson, devançant le printemps et l'aurore, fait entendre les notes saccadées, criardes, mais toujours joyeuses de son éternel refrain.

Gai comme un pinson, dit le proverbe, et cette fois le proverbe a raison.

Le pinson habite tous les lieux de la terre. Ses mœurs sont les mêmes que celles du moineau. De même que lui, il fait une guerre incessante au hanneton; et comme il a le bec plus grand et plus fort, il attaque souvent même la courtilière et le cerf-volant, qu'il dépèce avec une adresse et une habileté merveilleuses. On le voit souvent aussi, à la suite des chevaux, chercher les œstres dans leurs excréments.

JOSEPH. — Dans les jardins, j'ai remarqué bien souvent qu'il passe des heures entières sur les feuilles des choux, des navets, becquetant sans cesse et avalant, par milliers sans doute, un petit insecte que les jardiniers appellent *puce de terre*... Je ne sais si c'est son nom ?

LE MAÎTRE. — C'est son nom vulgaire, auquel on joint quelquefois celui de *tiquet*. En zoologie, on le nomme *altise, altica*, qui veut dire *sauteur*, parce qu'il saute à la manière des sauterelles.

Le pinson en fait, en effet, une très-grande consommation, surtout quand il a des petits.

L'altise est un coléoptère à métamorphoses complètes, et qui mange sous toutes ses formes ; ce que l'on s'explique quand on sait que sa ponte est de vingt-cinq œufs et qu'elle ne pond qu'un œuf par jour. Ses œufs sont placés au revers des feuilles du colza, de la navette, des choux, du rutabaga, en général des crucifères, plantes ainsi nommées parce que leurs fleurs sont disposées en forme de croix.

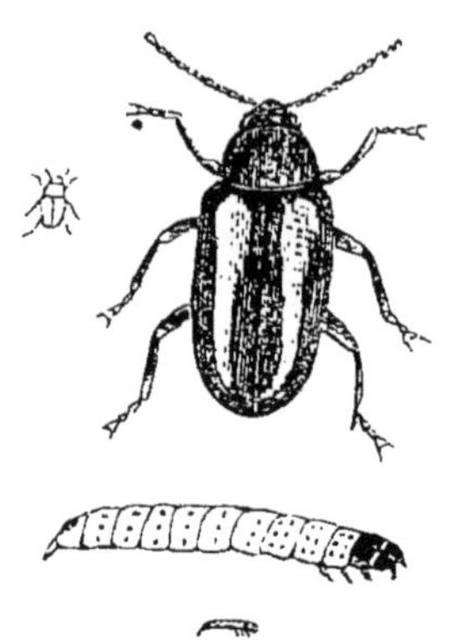

Altise et sa larve.

Les larves, nées le dixième jour à peu près, se nourrissent de ces feuilles et passent en cet état une quinzaine de jours. Puis elles s'enferment dans une cavité souterraine, d'où elles sortent, environ quinze jours après, sous forme d'insectes parfaits.

Joseph. — J'ai entendu bien souvent des cultivateurs se plaindre amèrement des dévastations de la puce de terre sur leurs colzas. Les nôtres ne sont jamais attaqués, et mon père ne prend pour cela qu'une simple précaution : il ne les sème jamais que dans un terrain très-bien fumé. Le colza pousse très-vite ; arrivé à une certaine taille, il n'a plus rien à redouter.

Le Maître. — Votre père est un praticien habile, qui sait que, lorsque le colza a sa seconde paire de feuilles, l'altise ne peut plus lui nuire. Mais bien des agriculteurs l'ignorent encore, et voici quels sont les moyens que l'on emploie contre cet insecte.

Le goudron de gaz, mêlé à de la sciure de bois et répandu sur la terre, tue l'altise. On met à peu près un kilogramme de goudron pour 50 kilogr. de sciure, et 1,000 kilogr. du mélange suffisent pour un hectare. Ce procédé n'est pas coûteux : car le goudron vaut à peine dix francs les 1,000 kilogr.

On se sert aussi de cendres non lessivées, semées à la main sur la rosée ou après une petite pluie.

Mais lorsque les irruptions de l'altise prennent des proportions à donner des inquiétudes pour les récoltes, on a recours à un petit instrument appelé puceronnière, que l'on peut se faire soi-même. On prend un train à deux roues ; on y place une large planche à laquelle est attachée une toile goudronnée, et l'on promène l'instrument sur le terrain envahi. Le bruit de la planche, de la toile, effraie les altises, qui sautent en l'air et vont s'engluer sur la toile.

Chacun peut donner une forme convenable à sa puceronnière; il ne faut que du goût et de l'intelligence.

Mais tous les engins destructeurs ne valent pas la guerre acharnée, continue, du pinson.

LE PIVERT.

LE COSSUS RONGE-BOIS. — LE SCOLYTE DESTRUCTEUR. — CHASSE DU PIVERT. — ANECDOTE.

Pour quelques familles d'oiseaux, tels que le rossignol, la fauvette, la vie est comme un long jour de fête : elle s'écoule douce, insouciante, heureuse, au milieu des suaves et balsamiques parfums de fleurs toujours nouvelles, à l'ombre de bocages toujours verts, où ils se livrent sans crainte à tous les ébats de leur inépuisable gaieté. Ce sont les enfants chéris de la nature. Mais pour quelques autres, comme la pie, le pivert, la vie est un long martyre. Aussi n'ont-ils que des cris discordants et sauvages. Écoutez le pivert, cramponné au tronc desséché d'un vieux tremble ou d'un vieux saule, qu'il frappe de son bec pointu et acéré, pour y trouver sa nourriture ! Sa voix a quelque chose d'effrayant.

La vie du pivert, je l'ai dit, est un long martyre. Il

ne trouve sa nourriture qu'en perçant l'écorce des arbres. Mais pour ce travail de Titan, la nature l'a doué d'un instinct merveilleux et d'une adresse étonnante. Il ne se nourrit que d'insectes, d'œufs de fourmis, d'artisons, de vers de bois et surtout de la magnifique, mais terrible chenille du saule, appelée *cossus* (ou *coxus*), ou *ronge-bois*.

Pivert.

Le ronge-bois est un insecte qui se tient généralement entre l'écorce et le bois, qu'il ronge tout à son aise. C'est là que le pivert va le trouver, en frappant doucement, en auscultant, pour ainsi dire, l'arbre qu'il suppose attaqué, et en écoutant d'une oreille attentive pour saisir l'endroit où le bois résonne. Une fois la retraite de l'insecte découverte, le pivert brise l'écorce, et y introduit son bec en poussant son cri : *tio, tio, tio*, pour mettre en mouvement les réfugiés et les happer au passage.

Alexis. — Alors ce n'est donc pas, comme on le dit, pour voir si l'arbre est percé de part en part, que le pivert se retourne de temps en temps pour regarder du côté opposé à celui où il frappe ?

Le Maître. — Non, mon enfant ; c'est pour saisir les insectes que ses coups de bec ont dû effrayer et qui prennent la fuite.

Émile. — Le cossus ronge-bois n'est-il pas le même insecte que celui que les marchands de bois connaissent si bien et qu'ils appellent *scolyte destructeur* ?

Le Maître. — C'est-à-dire que leur genre de vie est à peu près le même ; mais ils diffèrent essentiellement l'un de l'autre, et ils n'appartiennent pas au même ordre : le cossus est un lépidoptère ou papillon; le scolyte est un coléoptère de la même famille que le hanneton.

Vous allez comprendre. Le cossus dépose ses œufs dans un trou creusé par lui entre le bois et l'écorce. La larve née de ces œufs ronge le bois en le ramollissant par de la bave qu'elle dégorge, jusqu'au moment où elle devient nymphe.

Mais avant ce second changement, elle a soin d'amincir l'écorce de l'arbre de manière à la rendre presque transparente, afin que, devenue papillon, c'est-à-dire dépourvue de tout organe rongeur, elle puisse, par le plus léger effort, briser cette écorce et s'élancer dans les airs. Je dois vous faire remarquer que c'est au moment où elle n'est encore que moitié papillon, c'est-à-dire où elle est encore à demi couverte de son enveloppe de nymphe, et en poussant cette enveloppe contre la paroi amincie. qu'elle accomplit sa sortie : papillon complet, elle ne le pourrait plus.

Émile. — Ce sont ces enveloppes de nymphes que l'on rencontre souvent dans les trous de vers du bois, et qui ressemblent en quelque sorte à des ailes de papillons contournées ?

Le Maître. — Justement. Le scolyte est beaucoup plus nuisible. Il se creuse, lui, sous l'écorce, de longues galeries qui déterminent souvent la mort de l'arbre, de l'orme surtout.

Ses transformations n'ont rien de remarquable, et il sort de l'écorce sous forme de petit hanneton.

Émile. — Est-ce là l'unique nourriture du pivert ?

Le Maître. — Quelquefois, par caprice, par goût ou par nécessité, le pivert cherche fortune à terre, alors c'est aux fourmis à faire les frais de ses repas. C'est un autre genre de chasse, qui a aussi son originalité.

Pour cela, il se pose à terre, élargit sa queue, dont il se sert comme d'un point d'appui, et couche sa longue langue effilée dans le sentier qu'elles ont l'habitude de suivre pour aller en course ou pour rentrer dans leur demeure.

Il reste ainsi, dans une immobilité complète, jusqu'au moment où il sent sa langue complétement couverte de ces insectes; il la retire alors, et les fourmis sont précipitées dans son gosier comme dans un gouffre.

Alexis. —Il ne faut pas qu'il soit bien affamé, alors, Monsieur ?

Le Maître. — Le pivert fait cette chasse dans ses moments de loisir.

D'autres fois enfin, et lorsque la faim le presse, il change de tactique et attaque directement les fourmis en les poursuivant dans leurs demeures; mais ce sont là des cas rares, qui ne se présentent que dans les moments de disette.

Le pivert est l'oiseau le plus utile aux forêts et aux arbres fruitiers. Il est, de plus, très-charitable, ce qui est un titre à notre protection.

Pour finir ce chapitre, Émile va nous raconter, au sujet du pivert, une anecdote que je lui ai fait lire dans *le Journal d'Histoire naturelle,* et qui est rapportée par M. Servaux, chef de bureau au ministère de l'instruction publique.

Émile. — Dès les premiers jours du printemps, deux piverts avaient commencé à creuser leur nid dans le tronc d'un orme. Dans le courant du mois de mai, curieux comme un ornithologiste passionné, M. Servaux voulut s'assurer que les travaux avaient continué, et, supposant que les oiseaux avaient des œufs, appliqua une échelle contre l'arbre et essaya d'introduire sa main dans l'ouverture faite par les travailleurs. Mais cette ouverture étant trop étroite, et lassé d'essais infructueux, il se décida à fermer l'entrée du nid avec une pierre, dans l'espoir que la femelle, pressée de pondre, déposerait ses œufs dans un creux d'arbre du voisinage. Vers la nuit, repassant par le même jardin, il fut tout surpris d'entendre frapper à coups multipliés sur l'orme qu'il avait fermé le matin.

Il s'avança doucement et vit, cramponné au tronc, un pivert qui l'attaquait à coups de bec. Ce pivert s'étant envolé, M. Servaux fut bien plus surpris encore d'entendre continuer le même travail, mais à l'intérieur de l'orme. Il comprit alors que la femelle était enfermée ; il enleva la pierre qui bouchait l'entrée du nid, et, en effet, la femelle s'envola. Le jardinier à qui il raconta le fait ne voulait pas y croire, attendu que toute la journée il avait vu deux piverts appliqués à creuser l'orme, et tellement occupés à leur travail, qu'ils ne s'enfuyaient pas malgré sa présence. Le mâle pivert était ainsi allé recourir à la complaisance d'un ami pour délivrer sa compagne.

Le Maître. — C'est là un trait admirable d'intelligence et d'amour fraternel.

Voyons maintenant le pouillot.

LE POUILLOT.

L'ALUCITE.

Quoique le pouillot ne puisse pas soutenir avec grand éclat la réputation de chanteur que lui ont faite les anciens, il n'en est pas moins un des hôtes les plus gais de la nature, au printemps. Sa petite voix, semblable à la strideur des sauterelles, a quelque chose de vibrant, mais de doux, qui plaît à l'oreille. En Lorraine, où il est assez commun, nos aïeux l'avaient appelé *chosty*, vieux mot qui signifie *chanteur* ou *chantre;* dans nos campagnes, en raison de sa taille élancée et de sa couleur vert-jaune, nos paysans l'appellent du nom prosaïque de *feuille de saule.*

Je viens de le dire, le pouillot est assez commun en Lorraine ; mais on ne le voit guère qu'en automne et en hiver. Il quitte alors les grands bois, où il avait établi sa demeure, pour venir autour de nos habitations, chercher sa nourriture et un abri contre la neige et le froid. Vers le soir, on l'entend souvent répéter d'une petite voix légère : *tuit, tuit.*

JOSEPH. — On en rencontre quelquefois au mois de juillet, qui voltigent au-dessus des champs de blé et y saisissent au vol de petites mouches.

LE MAÎTRE. — Vous auriez dû dire de petits papillons, ce sont des *alucites.*

Le pouillot niche ordinairement dans les hautes herbes, telles que les laîches, les roseaux, les buissons, ou sur les rejetons des arbustes. Son nid, construit en forme de boule, comme celui de la mésange à longue queue, n'a qu'une ouverture, presque toujours au levant. Il est composé au dehors de mousse verte, et à l'intérieur de laine, de crins et de plumes. La femelle pond de quatre à sept œufs très-petits, blanchâtres, et tachetés de rouille, qu'elle couve onze jours. Les petits s'envolent vers le quatorzième jour.

JOSEPH. — Qu'est-ce donc, Monsieur, que l'alucite, dont vous venez de nous parler ?

LE MAÎTRE. — Je l'ai dit, c'est un petit papillon, d'un gris sombre, par conséquent un lépidoptère, inoffensif sous cette forme, et qui ne vit que deux ou trois jours, c'est-à-dire juste assez de temps pour opérer sa ponte ; qui est de cent cinquante œufs environ.

L'alucite dépose ses œufs, un à un, à la base d'un grain

d'orge, de seigle, mais plus souvent de blé; de sorte que chaque larve ne consomme qu'un seul grain. Cette larve est petite, rose, blanche, à tête brune. Elle se creuse dans l'intérieur du grain une niche à deux compartiments séparés par un voile; l'un sert de domicile à l'insecte, l'autre est destiné à recevoir les excréments. Avant de devenir nymphe, comme le cossus, elle se prépare une sortie; mais elle opère différemment : elle trace un cercle dont elle ronge la circonférence, de manière à former une espèce de guichet qu'elle n'aura qu'à pousser légèrement pour qu'il se détache; puis elle s'enveloppe et attend tranquillement sa forme définitive.

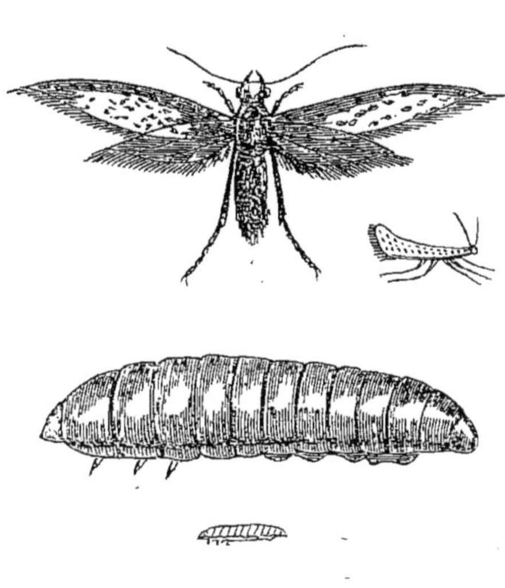

Alucite et sa chenille.

JOSEPH. — Est-elle bien nuisible ?

LE MAÎTRE. — Oui, et d'autant plus qu'elle se montre deux fois l'année : les œufs qui ont été pondus en automne ou en hiver éclosent au printemps, et les papillons se répandent dans la campagne.

Mais les œufs déposés en été ne donnent des papillons qu'en hiver; ces papillons, que leur instinct avertit de ne pas sortir du grenier, y pondent de nouveaux œufs, qui produisent une deuxième et même une troisième génération.

Quand l'alucite envahit une contrée, elle y apporte la désolation, la ruine, la misère. C'est ce qui est arrivé dans l'Angoumois en 1770, et dans une vingtaine de départements du Midi, notamment dans la Charente et la Gironde, en 1860.

On peut éloigner l'alucite en goudronnant les charpentes, les boiseries des greniers, et en suspendant aux murs du chanvre, des feuilles de noyer ou toute autre plante à odeur forte. C'est la même recette que contre le charançon.

Le cultivateur qui peut battre son grain et le convertir en farine aussitôt après la moisson, n'a pas à redouter les attaques de l'alucite ; mais ce moyen préventif n'est pas toujours praticable.

Remercions donc la Providence, qui nous a envoyé le pouillot.

DOUZIÈME CAUSERIE.

LE ROITELET.

LÉGENDE. — LE CROCODILE. — LA BALEINE. — LE GUIDE.

LE MAÎTRE. — Voici, à propos du roitelet, ce que dit la légende que me racontait ma mère, lorsque j'étais enfant :

Les oiseaux se lassant de l'état démocratique, comme les grenouilles de la fable, voulurent se nommer un roi.

Le rendez-vous fut donné dans une plaine immense de l'Arabie Heureuse, au lieu même où se trouvait, dit-on, le paradis terrestre.

De nombreux concurrents se présentèrent, et chacun d'eux prétendait avoir des droits à la couronne : l'aigle, par sa force; l'autruche, par sa taille; l'hirondelle, par la rapidité de son vol; le rossignol, par la suavité de son chant; le kamichi, par sa puissante voix; le perroquet, par son talent d'imiter la parole de l'homme; la chouette même osa se mettre sur les rangs et donner pour titre sa faculté étrange de voir la nuit.

Les députés de la nation, après avoir bien discuté la chose, déployé tout leur esprit, ne sachant enfin à qui ceindre le diadème, décidèrent que, puisque les rois sont placés par les lois au-dessus de tous leurs sujets, le sceptre appartiendrait à qui s'élèverait le plus haut dans les airs.

C'était une joûte digne des temps antiques.

Au signal du départ, donné par une vieille corneille infirme et goutteuse, une sorte de nuée vivante, épaisse, noire, s'élança vers le ciel. Le soleil même, me disait ma mère, en fut quelque temps obscurci, voilé. La lutte dura peu, et bientôt l'aigle, planant seul au milieu de l'espace, fit pousser aux spectateurs un immense cri de victoire. Mais, au même instant, un épisode étrange surprit les regards : le souci, que l'on n'avait d'abord pas aperçu, parut tout à coup, montant d'un vol léger et hardi, bien au-dessus de l'aigle lui-même.

L'aigle, sans s'en être douté une seconde, avait emporté, suspendu sous son aile, le souci qui avait pu ainsi ménager ses forces et ne les employer qu'au moment où son protecteur avait perdu les siennes. L'aigle était vaincu; la ruse avait triomphé de la force. Le souci fut donc proclamé roi; mais en raison de sa petitesse, il fut nommé *roitelet*. C'est depuis cette époque, dit la légende, qu'il porte sur la tête cette belle couronne aurore, symbole de la majesté, de la grandeur et de la puissance.

ÉMILE. — Ne compte-t-on pas deux variétés de roitelets ?

LE MAÎTRE. — Valmont de Bomarre cite trois espèces de roitelets :

1° Le *roitelet ordinaire* ou *troglodyte* ;

2° Le *roitelet huppé* ou *couronné*, ou *souci de Pensylvanie;*

3° Le *roitelet non huppé*.

Buffon fait du troglodyte une espèce à part, et distingue de plus trois variétés de roitelets, qu'il appelle :

1° *Roitelet* proprement dit ;

2° *Roitelet rubis ;*

3° *Roitelet mésange*.

Enfin Holandre ne compte, lui, que deux sortes de roitelets, qu'il désigne sous les noms de :

1° *Roitelet* ordinaire;

2° *Roitelet couronné de rubis, de la Caroline,* ou *souci de Pensylvanie.*

Je l'ai dit déjà, nous ne faisons pas un cours d'ornithologie ; je ne m'occuperai donc ici que du roitelet proprement dit, de Buffon, le seul que je connaisse et que l'on peut justement appeler roitelet huppé ou couronné.

C'est le plus petit de nos oiseaux. A ce trait particulier qui seul suffirait pour le faire distinguer parmi la foule, il en joint un autre bien plus caractéristique : il porte sur la tête, ainsi que nous l'a déjà appris la légende, une couronne jaune aurore, d'une éclatante beauté, qu'il peut cacher ou rendre visible à volonté, et entourée d'une ligne noire et blanche, qui donne à sa physionomie quelque chose de piquant, d'original, d'excentrique. Aussi, si les Français l'appellent *petit roi,* les Italiens, dans leur langue musicale, le nomment-ils *fior rancio* (*fleur de souci*), et les Bolonais, *papazzino* (*petit pape*).

Roitelet.

CHARLES. — Cet oiseau n'est pas connu ici, Monsieur, ou il y est très-rare alors; car je ne l'ai jamais vu.

LE MAÎTRE. — Il y est rare, en effet. Durant toute la belle saison, il ne quitte pas les bois, où il fait sa pâture des plus petits insectes et surtout des cousins qui voltigent en troupes innombrables au-dessus des marais, et qu'il prend au vol. Parfois aussi, et comme pour faire diversion, il mange les petites graines de fenouil. Vers la fin de septembre, il s'approche de nos habitations et vient dans nos jardins, où on le voit grimper sur les pins, les sapins, les genévriers, et, comme le troglodyte, chercher dans les gerçures de leur écorce les cadavres des insectes.

Il ne chante pas et n'a qu'un cri perçant et fort désagréable.

Son nid, construit en forme d'œuf, ressemble assez à celui de la mésange à longue queue, mais il est plus petit. Il est fait de mousse serrée, maintenue par des fils de toile d'araignée, et n'a qu'une seule ouverture latérale, presque toujours tournée au levant. L'intérieur en est garni de plumes et de duvet. Il est ordinairement placé sur les ifs, les buis ou les sapins de nos bosquets, ou sur les charmilles ou les hêtres dans les forêts.

La femelle pond six ou sept œufs, d'un bleu pâle, tachetés de jaune roux et du volume d'un gros pois. Elle couve neuf jours ; et quinze jours après leur naissance, les petits peuvent voler. Je n'ai vu encore que cinq nids de roitelets; tous étaient adossés à une branche de charmille, de pin ou de sapin, à la hauteur d'un mètre cinquante centimètres ou deux mètres au plus.

Alexis. — Avez-vous élevé quelquefois le roitelet ?

Le Maître. — Non : mais un jour d'hiver, j'en ai trouvé un qui était entré, je ne sais par où, dans la loge de mon jardin ; je l'ai pris. A cette époque, j'avais dans une immense volière une quantité de serins, de chardonnerets, deux gros-becs, deux becs-croisés, trois bouvreuils et quatre bruants, tous gens armés pour la défense et l'attaque.

Comme sujet d'étude, je me suis avisé de mettre mon roitelet dans cette même volière. Eh bien, après deux heures de séjour au milieu de cette population hétérogène, le roitelet, non-seulement y commandait, mais encore y battait en tyran, poursuivant et bruants, et bouvreuils, et becs-croisés, et gros-becs, et, en définitive, restant toujours maître du champ de bataille. Je n'ai pas connu d'être aussi chicanier, aussi hargneux : il est véritablement aux oiseaux ce que le roquet est aux chiens.

J'ai dit que le roitelet fait six ou sept petits. Cette famille, vous le voyez, n'est pas très-nombreuse, mais elle est très-gourmande, et détruit près de deux cents chenilles par jour. Ce chiffre est un des arguments les plus éloquents qu'on puisse opposer aux destructeurs d'oiseaux et aux cultivateurs ignorants.

Joseph. — Monsieur, j'ai une question à vous faire, mais j'ai peur qu'on ne se moque de moi, parce qu'elle peut paraître absurde.

Le Maître. — Faites toujours ; nous verrons.

Joseph. — Est-il vrai que le roitelet sert de guide au crocodile ? J'ai lu cela dans un almanach.

Le Maître. — Cette fois l'almanach disait vrai. Il arrive souvent, en Afrique, qu'il s'établit entre le crocodile et le roitelet une sorte d'association. Lorsque le crocodile est endormi, le roitelet fait sentinelle ; et si, aux environs, il voit quelque ennemi s'approcher, vite il s'envole vers son associé, chante, siffle, le tiraille à coups de bec, l'éveille enfin et l'avertit de fuir. Le danger conjuré, le crocodile se montre très-reconnaissant : il ouvre sa large bouche ; le roitelet s'y glisse, et cherche entre les dents du monstre les restes de chair de ses dernières victimes. Lorsque le crocodile est fatigué de cette position, il ferme doucement la bouche, serre peu à peu son petit ami, comme pour l'inviter à sortir. Le roitelet comprend et se retire.

Ce n'est pas le seul exemple d'association chez les animaux. La baleine a aussi pour conducteur un petit poisson appelé pour cela le *guide*. Elle le suit partout, et aussitôt que son chétif compagnon est menacé, elle le reçoit dans sa bouche, où il se repose et dort tranquille. Pendant ces heures de repos et de sommeil, la baleine garde une immobilité complète. Si la tempête la prive de son guide, elle erre au hasard et souvent va se briser contre les rochers.

Émile. — Je vous ferai à mon tour, Monsieur, une question. J'ai lu que le roitelet a deux paupières, dont l'une, celle de dessous, transparente, peut toujours rester fermée ou s'ouvrir à la volonté de l'oiseau. Est-ce vrai aussi cela ?

Le Maître. — Oui, et cette double paupière lui est très-utile. En effet, s'il n'en avait qu'une il pourrait s'égarer en portant la nourriture à ses petits, parce que, courant constamment dans les buisons, souvent il serait obligé de fermer les yeux pour éviter les épines. Avec deux paupières, il peut impunément les affronter, car il ne recevra jamais qu'une légère blessure à la paupière transparente. « La Providence, comme le dit Chateaubriand, que nous avons déjà cité, n'a pas voulu qu'il s'égarât en portant la goutte d'eau ou le grain de millet à son nid, et qu'il y eût sous le buisson une petite famille qui se plaignît d'elle. »

Ce sont là de hautes leçons pour l'observateur ! Que de sujets de méditation : le crocodile, la baleine, deux êtres si puissants, si forts, si redoutés, en quelque sorte à la merci d'êtres si faibles !

Tout est grand, tout est beau, tout est mystère dans les œuvres de Dieu !

LE ROSSIGNOL.

LE MOQUEUR. — MON AMI CHATELIN.

Au chapitre du rossignol, dans son *Histoire naturelle des oiseaux*, Buffon dit :

« Il n'est point d'homme bien organisé à qui ce nom ne rappelle une de ces belles nuits de printemps, où le ciel étant serein, l'air calme, toute la nature en silence, et pour ainsi dire attentive, il a écouté avec ravissement le ramage de ce chantre des forêts. On pourrait citer quelques autres oiseaux chanteurs, dont la voix le dispute, à certains égards, à celle du rossignol ; les uns ont d'aussi beaux sons, les autres ont le timbre aussi pur et plus doux ; d'autres ont des tours de gosier aussi flatteurs ; mais il n'en est pas un seul que le rossignol n'efface par la réunion complète de ces talents divers et par la prodigieuse variété de son ramage; en sorte que la chanson de chacun de ces oiseaux, prise dans toute son étendue, n'est qu'un couplet de celle du rossignol. Le rossignol charme toujours et ne se répète jamais, du moins servilement ; s'il redit quelque passage, ce passage est animé d'un accent nouveau, embelli par de nouveaux agréments ; il réussit dans tous les genres ; il rend toutes les expressions ; il saisit tous les caractères, et, de plus, il sait en augmenter l'effet par les contrastes. »

A ce magnifique tableau du maître il n'y a rien à ajouter.

Aux yeux de bien des gens, dans la campagne surtout, le rossignol est un être bizarre, mystérieux, aux formes fantastiques, d'une laideur effrayante ; c'est un mythe, le phénix de la fable.

Joseph. — Je vous avoue, Monsieur, que c'est à peine si je le connais : j'en ai entendu bien souvent dans notre jardin ; mais je ne pourrais pas affirmer en avoir vu un seul.

Le Maître. — Alors, je vais vous en donner la description. Il est à peu près de la taille du rouge-gorge, mais plus long ; il a l'œil plus grand, vif, plein de feu et de sentiment, le bec long, fin, flexible, noirâtre comme celui de la roussette ; l'intérieur et le gosier sont d'un jaune superbe. La tête, le cou et le dessus du corps varient entre le brun et le roux ; la queue est rousse ; la poitrine et le ventre sont d'un blanc cendré ; le dessous de la queue et des ailes, d'un blanc sale. Les jambes sont grêles, et de la couleur du bec. Il a le port assez gracieux et balance presque continuellement la queue, à la manière de la bergeronnette. Chez la femelle, les couleurs sont plus sombres que chez le mâle. Il est, du reste, un moyen très-simple, mais qui n'est pas infaillible de les distinguer l'un de l'autre : chez le mâle, les barbes extérieures des deux ou trois grandes pennes des ailes sont d'un beau noir ; chez la femelle, ces barbes sont seulement d'un fauve noirâtre. De plus, le mâle a les jambes rougeâtres, et, lorsqu'on le place en face d'un point lumineux, elles paraissent comme transparentes et couleur chair ; tandis que les jambes de la femelle semblent être d'un blanc laiteux. Ce moyen de reconnaître le mâle d'avec la femelle, je le dis, n'est pas infaillible ; mais du moins ils sert de guide à l'observateur.

Rossignol.

CHARLES. — Le rossignol est un oiseau voyageur ?

LE MAÎTRE. — Oui ; il arrive chez nous vers le 15 avril et va immédiatement se cacher dans la solitude des forêts ou dans l'épaisseur des haies et des vergers, qu'il fait retentir aussitôt des sons éclatants et inimitables de son incomparable organe.

Il est sauvage, timide, solitaire ; il fuit la société de ses semblables, et l'on rencontre rarement deux rossignols de compagnie. Il se tient souvent dans les lieux écartés et paisibles, où coule un ruisseau ; mais surtout sur les revers des collines où il y a un écho. Il semble s'écouter chanter et se répondre à lui-même. Quoiqu'il ait le port assez gracieux, ainsi que je l'ai dit, en l'examinant bien, surtout lorsqu'il chante, on trouve en lui une sorte d'inquiétude mélancolique, de tristesse jalouse ; et, malgré la gaieté et le brillant de ses roulades, en l'écoutant, on se sent comme porté à la rêverie.

Aussitôt que les premières feuilles commencent à couvrir de leur ombre les arbres et les buissons, vers la fin d'avril ou dans les premiers jours de mai, le rossignol aussi commence à construire son nid. Ce nid est placé généralement à quelques centimètres de terre, sur les premières branches des arbustes, des buissons, des ifs, des groseillers ; quelquefois même, comme celui de l'alouette, il se trouve à terre, dans les broussailles, sur le bord d'un fossé, presque toujours à côté d'un ruisseau, et alors tourné au levant. Il est formé au dehors d'herbes grossières, de feuilles de chêne ou de petites branches croisées, entrelacées. A l'intérieur, on trouve des crins, un peu de laine et de bourre fine, soyeuse. Ce nid est un peu ovale et assez profond. La femelle pond quatre ou cinq œufs couleur de bronze, mais d'un vert clair au petit bout, et brun au gros bout. Elle couve seule 18, 19 ou 20 jours, pendant que le mâle, pour charmer les ennuis de sa compagne, chante à quelque distance du nid, mais jamais assez près pour que sa présence puisse révéler le secret de ses amours. Dès que les petits sont éclos, il cesse de chanter à pleine voix, et s'occupe avec la femelle des soins de la nourriture et de l'éducation de sa jeune famille. C'est un spectacle attendrissant que celui de ce maître enseignant à ses enfants les secrets magiques et les ressources prodigieuses de son art. Tandis que, caché dans un buisson touffu ou dans la cime ondoyante d'un if ou d'un sapin, il remplit l'air, tantôt de ses notes fugitives et capricieuses, tantôt de ses flots d'harmonie et de ses merveilleux accords, d'un œil curieux et inquiet où se trahit dans toute sa plénitude la tendresse paternelle, il épie ses jeunes élèves, puis cherche à captiver leur attention, redouble d'efforts, bat des ailes, et enfin, tout à coup, se tait et semble écouter d'une oreille attentive, patiente, heureuse, un gazouillement timide, tremblant, pourtant d'une suavité infinie : c'est la leçon que les élèves répètent. Je ne sais pas de spectacle plus attendrissant.

Charles. — J'ai lu qu'en Allemagne et en Prusse, celui qui veut avoir un rossignol en cage doit payer une contribution de 30 francs au profit des pauvres. Est-ce vrai cela, Monsieur ?

Le Maître. — Oui, mon ami, et cela prouve que les Allemands, sous ce rapport du moins, comprennent mieux leurs intérêts que nous-mêmes, le rossignol n'étant pas seulement un chanteur aimable, mais encore un serviteur utile et un grand destructeur de larves de coxus, de scolytes, d'œufs de fourmis, de vermisseaux, qu'il trouve en retournant au pied des arbres les feuilles sèches qui les abritent.

Émile. — Ceux que l'on élève en cage chantent-ils

comme ceux de nos bosquets ? Il me semble qu'ils doivent perdre de leurs talents.

Le Maître. — La captivité, quelque douce que puissent nous la rendre les prévenances les plus tendres de l'amitié, a toujours quelque chose de pénible même pour les oiseaux, pour le rossignol surtout, qui, habitué plus que tout autre à la sombre solitude des fourrés, se familiarise difficilement et semble toujours, même au milieu de ses modulations les plus brillantes, regretter les attraits enchanteurs de la liberté. Ceux que j'ai vus en cage me faisaient mal au cœur, surtout au moment de l'émigration. Ils paraissent alors souffrir de ne pouvoir s'en aller vers d'autres climats ; ils semblent pressentir qu'ils ont un voyage à faire ; ils s'agitent dans leur cage, ne font que voleter et courir d'un perchoir à l'autre, souvent se heurtant aux fils de fer de la cage, et tombant alors comme épuisés, pour se relever aussitôt et recommencer leur course frénétique et insensée ! Pauvres exilés, pour qui il n'est plus de patrie !...

Alexis. — Vous nous avez dit tout à l'heure Monsieur, d'après Buffon, que la chanson de chacun des oiseaux chanteurs, prise dans toute son étendue, n'était qu'un couplet de celle du rossignol. Le rossignol serait-il donc de la même famille que le moqueur d'Amérique ? Car, si j'ai bonne mémoire, celui-ci aussi reproduit dans sa chanson la chanson des autres oiseaux.

Le Maître. — Oh non, mon enfant. Ils diffèrent essentiellement l'un de l'autre. Et d'abord, le moqueur est d'une haute taille : il est presque aussi gros que notre grive, tandis que le rossignol...

Émile. — Mais, Monsieur, le moqueur d'Amérique existe donc bien réellement ?

Le Maître. — Certainement, mon enfant, et votre question a lieu de m'étonner ; car j'en ai déjà parlé dans une de nos premières causeries, et vous avez dû même en lire la description dans l'ouvrage de Buffon, qui est dans ma bibliothèque.

ÉMILE. — C'est vrai, Monsieur; mais j'ai lu aussi des relations de voyages, et les auteurs de ces relations, tout en ne s'accordant pas sur les mœurs de cet oiseau, en disent des choses tellement extraordinaires, que j'ai fini par me persuader que c'était un oiseau fabuleux.

LE MAÎTRE. — Vous avez eu tort, mon enfant. Le moqueur d'Amérique existe bien réellement, et j'en ai vu moi-même un couple, et dans une de nos forêts encore... Cela vous étonne, mes enfants, eh bien cela est pourtant. Je vais vous raconter comment et dans quelles circonstances.

Le premier jour du mois de juin 1860, vers midi, je vois entrer chez moi, tout essoufflé, tout à nage et le visage rayonnant de joie, M. Chatelin, l'un de mes vieux amis et vieux confrères en ornithologie, et que, en raison de ces deux titres, j'ai gratifié du surnom de doyen.

— Diable, que c'est fatigant de monter chez vous, maître, me dit-il!

— Quarante marches d'escalier seulement. Mais, pourquoi aussi tant vous presser, et les monter quatre à quatre!

— Ah! mon cher, c'est que j'avais hâte de vous annoncer une bonne nouvelle.

— Vraiment! Voyons votre nouvelle.

— Avez-vous votre Buffon ici?

— Oui; mais...

— Très-bien. Pensez-vous connaître tous les oiseaux du pays?

— Certainement! Et vous savez bien que non-seulement je les connais, mais qu'il me suffit d'entendre leur chant ou de les voir voler pour les distinguer...

— Eh bien, vous vous trompez. Il y en a un que vous n'avez jamais vu.

— Bah !

— Oui, il y a huit jours que je l'épie au bois du Loup ; je viens de trouver son nid... Devinez...

— Serait-ce le phénix?

— Allons ! vous savez que le phénix n'existe que dans l'imagination des poëtes.

— Serait-ce le kamichi ?

— Il ne vit que dans le désert.

— Le colibri ?

— C'est le moqueur d'Amérique.

— Comment ! le moqueur d'Amérique nicherait dans nos forêts ! et je ne l'aurais pas vu !... C'est impossible!

— Impossible, impossible...

— Oui, impossible... Doyen, je crois que vous voulez plaisanter.

— Vous connaissez l'histoire sacrée, n'est-ce pas ?

— Parbleu! c'est mon métier de la connaître.

— Vous savez ce que le Christ a dit à saint Thomas, l'incrédule. Eh bien, à son exemple, je vous dirai : Venez avec moi et vous verrez. Mais d'abord prenez votre Buffon, et voyons si ce qu'il dit du moqueur se rapporte exactement à l'oiseau que je vais vous faire voir.

— Inutile de prendre Buffon ; je vais vous dire mot pour mot la description qu'il en donne :

« *Le Moqueur.* — Les couleurs en sont très-communes et n'ont ni éclat ni variété. Le dessus du corps est gris brun, plus ou moins foncé ; le dessus des ailes et de la queue est encore plus brun ; seulement ce brun est égayé : 1° sur les ailes, par une marque blanche qui les traverse obliquement vers le milieu de leur longueur, et quelquefois par de petites mouchetures blanches, qui se trouvent à la partie antérieure ; 2° sur la queue, par une bordure de même couleur blanche; enfin sur la tête, par un cercle encore de même couleur, qui lui forme une espèce de couronne et qui, se prolongeant sur les yeux, lui dessine comme deux sourcils assez marqués. Le dessous du corps est blanc depuis la gorge jusqu'au bout de la queue. Il approche des mauvis par la grosseur. Il a la queue un peu étagée, les pieds noirâtres, le bec de la même couleur, accompagné de longues barbes qui naissent au-dessus des angles de son ouverture ; enfin il a les ailes plus courtes que nos grives, mais cependant moins courtes que le moqueur français. »

— C'est cela même. Êtes-vous prêt ? Partons alors

— Une minute... le temps de changer de chaussures et de prendre des cigares.

Une demi-heure après cette conversation nous étions, le doyen et moi, étendus mollement sur la mousse, à l'ombre d'un vieux chêne et à quelques pas du fameux nid de moqueur; le doyen, attentif, saisissant les plus légers frissonnements des feuilles; et moi, rêveur, suivant de l'œil la fumée bleuâtre de mon cigare, que le calme de l'air transformait en spirales fantastiques qui s'élevaient insensiblement et finissaient par se perdre dans l'espace.

Nous étions ainsi postés depuis un quart-d'heure environ, lorsque je me sentis serrer doucement la main. Je me retournai doucement aussi. *Psitt*, me fit le doyen, en me montrant du doigt, d'un mouvement presque imperceptible, un oiseau d'un gris cendré qui venait de se percher sur la dernière branche de l'arbuste où reposait le nid.

Le vieil oiseleur respirait à peine ; moi je cherchais vainement à reconnaître dans le nouveau venu les traits du fameux polyglotte dont j'avais entendu si souvent parler. C'étaient bien les mêmes manières; mais je ne retrouvais ni dans le port ni dans les formes, ni les formes ni le port du moqueur. J'en étais là de mon examen, lorsque le doyen me pressa de nouveau le bras :

— Il nous a vus, me dit-il à voix basse.

— Alors, tout est perdu, répondis-je sur le même ton.

— Non, non, au contraire, il va chanter; car il sait très-bien que son chant réjouit l'homme; et il aime pour cela à se rapprocher des lieux habités. Écoutez...

Le doyen avait à peine cessé de parler qu'un sifflement aigu, criard, railleur se fit entendre.

— C'est une grive, dis-je.

Le doyen sourit.

— Écoutez donc, maudit bavard ! me répondit-il.

Alors commença un concert musical tel qu'il n'est pas possible d'en donner une idée; les expressions manquent pour dire tout ce que ce concert présentait de fantastique. Tantôt c'étaient des sons filés, pleins de goût, de finesse, de variété ; puis venaient des cris sauvages, perçants, auxquels succédaient des flots d'harmonie, des cadences perlées, qui ressemblaient à une musique céleste. Tantôt c'étaient des notes fugitives, jetées au hasard, puis des roulades précipitées, des coups de gosier vifs, secs; puis un silence profond. Je me croyais transporté en rêve dans une des forêts vierges du nouveau monde. Le doyen était en extase.

Le concert dura une heure, pendant laquelle le moqueur nous avait fait entendre le chant de tous nos oiseaux de la Lorraine, mais avec des richesses nouvelles, des variantes neuves, inconnues, des modulations que n'avaient jamais répétées les échos de nos forêts.

— Doyen, dis-je enfin, lorsque tout fut terminé, j'ai vu et entendu : je crois...

— J'en suis très-flatté, me répondit-il, avec un sourire légèrement ironique.

— Qu'allons-nous faire maintenant?

— Nous allons retourner à Dieuze, car si le moqueur ne craint pas l'homme, il n'aime pourtant pas à être dérangé dans ses amours...

— Mais que pensez-vous faire de votre découverte?

— En véritable égoïste, je compte bien la garder pour nous et tâcher d'élever les petits. Seulement, il nous faudra observer chaque jour les parents, afin de savoir quelle est la nourriture qu'ils leur donnent.

— Ce ne sera pas chose difficile, ce me semble; nous avons ici une place superbe et très-commode.

Quelques semaines après, nous avions en cage cinq moqueurs, que le doyen soignait en véritable père. Nous croyions pouvoir les conserver, mais la mue les a emportés tous les cinq en trois jours. J'ai cru que mon pauvre ami en deviendrait fou. Il s'est remis pourtant; mais depuis cette époque je n'ai jamais plus osé lui parler du moqueur d'Amérique.

TREIZIÈME CAUSERIE.

LE ROSSIGNOL DE MURAILLE.

Le Maître. — Une amère et cruelle dérision a infligé le nom de rossignol de muraille à l'oiseau le plus triste, sans contredit, de toute la nature. Lorsque son illustre homonyme fait retentir de ses puissants et mélodieux accords nos bosquets et nos vergers, le rossignol de muraille, chagrin, morose, sauvage, va se cacher dans les vieilles tours de nos églises, dans les fentes des rochers les plus abrupts, sur les masures perdues dans l'épaisseur des forêts, sur les vieux édifices en ruines, partout où l'homme n'a pas pénétré.

Alexis. — Mais alors il ne ressèmble en rien au rossignol ?

Le Maître. — Il en a seulement la taille. La femelle a le plumage sombre, d'un brun noirâtre et uniforme. Chez le mâle, les couleurs sont plus vives. Il a le bec entièrement noir ainsi que les jambes et la gorge; la poitrine d'un rouge vif, presque comme le bouvreuil ; la tête noire et le dessus d'un blanc argent magnifique. Il arrive vers la fin d'avril et nous quitte à la fin de septembre. De même que le rossignol, on ne sait en quel pays il passe l'hiver.

Il se nourrit d'insectes, de mouches, de cousins, d'araignées, de vers et surtout de cerfs-volants, dont il perce la cuirasse de son bec fin, mais dur, solide.

Il niche dans les creux des arbres vermoulus, dans les trous de muraille, sous les toits ou sous les loges des jardins et souvent dans les lieux les plus inaccessibles. Son nid est formé de mousse, et garni à l'intérieur de crins ou de laine et de plumes. La femelle pond quatre ou cinq œufs. Elle couve dix-huit jours. Pour peu qu'on dérange son nid, elle le quitte; et quoiqu'elle ait une tendresse extrême pour ses petits, si on en touche un, elle le jette hors du nid ou le laisse mourir de faim.

ÉMILE. — Alors on ne peut l'élever pour le mettre en cage ?

LE MAÎTRE. — Il n'est guère possible d'y parvenir. Lorsqu'on le prend adulte, on ne peut même le conserver. Il se tient dans un coin de la chambre, où on l'a placé, et ne mange de rien, à moins que par un caprice bizarre, il ne se rattache à la vie, ce qui arrive quelquefois, mais rarement.

LE ROUGE-GORGE.

LA TEIGNE. — LA TIPULE.

Parmi les jours de bonheur de mon enfance, je m'en rappelle peu qui aient laissé en mon âme des souvenirs plus tendres que celui où j'ai possédé un rouge-gorge. C'était depuis longtemps mon vœu le plus ardent. J'avais dix ans alors ; j'avais lu Buffon, et les séduisantes pages de l'illustre naturaliste m'avaient passionné pour ce modeste petit oiseau, que je trouvais le plus beau, le plus élégant, le plus coquet de toute la création. Et si alors Satan m'eût transporté, comme autrefois Notre-Seigneur, sur la plus haute montagne du monde et m'eût dit : Enfant des hommes, que désires-tu pour m'adorer ? je crois que, malgré toute la dévotion qu'avait su m'inspirer ma mère, j'aurais répondu sans aucune hésitation : Je veux un rouge-gorge. J'étais donc heureux. Pauvre rouge-gorge ! il n'a vécu que quelques mois, mais j'ai pensé bien souvent à lui.

Émile. — Alors, Monsieur, vous le regrettez toujours ?

Le Maître. — Non ; car fût-il resté libre dans les forêts, qu'il serait mort depuis longtemps. Si j'y pense, c'est qu'il me rappelle les belles années de l'enfance, dont le souvenir enivrant nous suit partout, et dont souvent on ne sait pas jouir.

Le rouge-gorge est chez les oiseaux ce que l'agneau est chez les quadrupèdes, c'est-à-dire la douceur même.

En été, il se tient au fond des bois, au bord des ruisseaux ou des mares, et en général dans les lieux humides où il se nourrit de vers, d'insectes et de mouches, qu'il prend au vol. Quelquefois encore on en rencontre dans les vergers. En automne, il se nourrit de mûres sauvages, de graines de raisin, des baies de l'aubépine et des fruits de l'alizier.

Rouge-gorge.

Joseph. — Cependant, Monsieur, pendant les mois de juin, de juillet et d'août, lorsque je travaille à la campagne, je vois souvent des rouges-gorges dans les champs de blé, d'avoine, d'orge, de trèfle, de luzerne, et je crois même qu'ils y nichent, car j'ai remarqué plus d'une fois qu'ils emportaient des chenilles, des mouches, qui n'étaient pas pour eux : ils les auraient mangées sur place, mais sans doute pour leurs petits.

Le Maître. — Il arrive en effet, que des rouges-gorges

vont nicher dans les champs; dans ce cas, comme je l'ai dit de la mésange, c'est une bénédiction pour les cultivateurs.

Joseph. — Pourquoi, s'il vous plaît ?

Le Maître. — Parce que, dans les champs, le rouge-gorge fait une guerre à outrance aux insectes, principalement à la cécidomye, à l'alucite, aux pucerons et à deux autres insectes que nous n'avons pas vus encore, mais que nous allons étudier : la *tipule* et la *teigne des blés.*

Quelqu'un parmi vous peut-il nous donner des explications sur ces insectes ?

Émile. — Moi, Monsieur, je connais la teigne.

Le Maître. — Ne nous trompons pas, Émile; c'est de la *teigne des blés* que je veux parler.

Émile. — C'est celle que je connais le mieux.

Le Maître. — En ce cas, vous pouvez commencer.

Émile. — La plupart des teignes sont des papillons. On les divise en deux classes :

1° Les unes, qui ont une peau tendre et délicate, se font avec des feuilles une enveloppe ou fourreau, qui leur sert de demeure et qu'elles transportent partout avec elles. On leur donne un nom qui signifie *porte-maison,* mais que je ne me rappelle plus.

Le Maître. — C'est *œcophore*, qui vient de deux mots grecs : *oikos*, maison ; *phoros*, porteur.

Émile. — Oui, Monsieur, *œcophore*.

2° Les autres se font aussi des fourreaux, mais elles les fixent à une branche, à une feuille : on les appelle *fausses-teignes*.

Le Maître. — Ce sont, vous le comprenez, des ennemis d'autant plus à craindre qu'ils nous nuisent sans être aperçus.

Émile. — La teigne du blé est œcophore ; elle dépose ses œufs dans l'épi aussitôt qu'il est sorti de son enveloppe. Les larves se nourrissent de cet épi jusqu'au moment où elles deviennent des nymphes, et enfin des papillons.

Le Maître. — Et de même que l'alucite, elle se multiplie encore dans nos greniers, car rien ne s'y oppose tant que le blé n'est pas battu et réduit en farine.

La tipule. — La tipule est un diptère qui ressemble au cousin, mais il n'a point de trompe et ne nuit pas sous sa dernière forme. Au moment de sa ponte, la tipule creuse en terre un trou dans lequel elle dépose ses œufs.

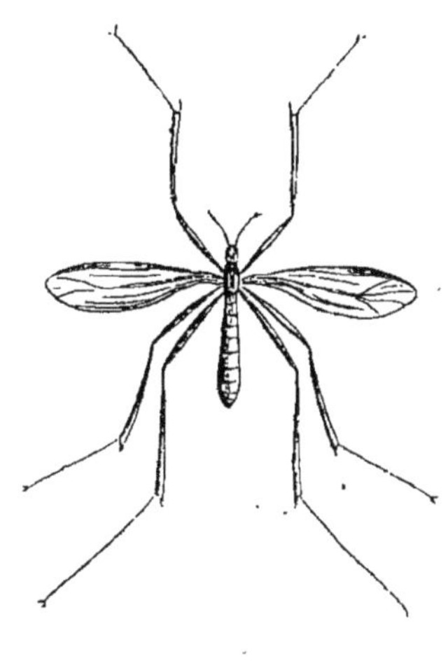

Tipule.

Dès qu'elles sont nées, ses larves, que les cultivateurs appellent *vers de l'avoine*, se mettent à ronger les racines des plantes et elles ne sortent de terre qu'après avoir subi toutes leurs métamorphoses.

Joseph. — Nuit-elle beaucoup aux récoltes ?

Le Maître. — Vous pourrez en juger lorsque je vous aurai dit que dans un champ d'avoine on a compté jusqu'à *deux mille cinq cents larves* par mètre carré.

Joseph. — Mais alors elles ne doivent laisser que des tiges desséchées ?

Le Maître. — C'est ce qui arrive assez fréquemment. Le cultivateur ignorant cherche alors les causes de la maladie qui ravage son champ, et ne les trouvant pas, il accuse sa terre, son fumier, ses chevaux, le temps, que sais-je ! tandis qu'il devrait s'en prendre seulement aux dénicheurs, à ses domestiques, à ses fils, à lui-même peut-être ; car à la campagne chacun fait un peu la guerre aux oiseaux.

Le rouge-gorge se fait un nid assez curieux, qui n'a

qu'une ouverture de côté, toujours tournée au levant, et que la femelle a soin de fermer à l'aide d'un rideau de feuilles, toutes les fois qu'elle est obligée de sortir.

Cet oiseau ne se plaît pas en cage, et il s'y laisse mourir de faim. Cependant, en hiver, ceux qui n'ont pas émigré et que le froid chasse des forêts sont moins fiers de leur liberté. On les voit souvent le soir, lorsque le temps devient plus froid, s'approcher de nos fenêtres et demander l'hospitalité pour la nuit. Qu'on ouvre ces fenêtres, ils entrent tremblants, puis s'enhardissent. Le lendemain, ils reviennent comme la veille. Que l'on garde l'un d'entre eux, alors il devient l'hôte le plus aimable, le plus divertissant par sa gaieté et sa gentillesse ; il chante pendant tout l'hiver, d'une petite voix douce, harmonieuse. En liberté dans une chambre, il est plus gracieux encore; il semble reconnaître la personne qui le soigne, va se poser sur son épaule, sur ses bras, sur sa tête; la caresse en la becquetant doucement, vient manger sur la fenêtre, sur la table même et ne cherche nullement à s'enfuir. L'un de mes amis m'a dit avoir vu pendant plusieurs années, chez un de ses oncles, bon vieux curé de village, un rouge-gorge qui avait été pris en hiver. Pendant la journée, il s'amusait à becqueter à la fenêtre de la chambre, et, au moment des repas, il venait se percher sur le bouchon d'une bouteille qu'on plaçait exprès sur la table, et gazouillait des heures entières, paraissant heureux de pouvoir ainsi payer en partie l'hospitalité qu'on lui donnait.

J'ai eu moi-même, pendant quelques mois, un rouge-gorge. Pour sauver cet oiseau du martyre, je l'avais pris à des enfants qui en faisaient leur jouet. Il se tenait dans ma chambre, venait manger dans ma main, sur ma table, partout où je l'appelais. Il s'était fait de ma chienne sa monture favorite, et c'était une chose curieuse à voir que ma bonne Diane, être paisible et patient s'il en fût, marcher gravement, posément, à pas comptés, de peur de faire perdre les étriers à son microscopique cavalier.

LE ROUGE-QUEUE.

Les naturalistes qui ont avancé que le rouge-queue et le rossignol de muraille sont un seul et même individu, ont commis une erreur étrange et ont prouvé qu'ils n'avaient pas une connaissance bien exacte des mœurs de ces deux oiseaux ; lorsque le dernier, ainsi que nous l'avons dit précédemment, cherche la solitude sur les toits de nos édifices, sur les loges de nos jardins, sur les tours de nos églises, sur nos vieux bâtiments en ruines, le rouge-queue va la trouver, lui, au fond des fourrés les plus épais. Il se plait surtout à la montagne, où on le voit souvent fureter de son petit bec pointu dans les interstices de l'écorce des pins et des sapins, pour y saisir les corps des insectes que l'hiver y a gelés. En Lorraine, où il est cependant très-commun, on ne le voit guère que le matin et le soir, parce qu'alors il sort des forêts, pour aller chercher dans les lieux humides ou dans les champs fraichement retournés les insectes et les mouches. Ses mœurs, en somme, sont les mêmes que celles du rouge-gorge ; son nid a la même forme et est composé de mêmes matériaux. En hiver, on n'en voit aucun ; il quitte la Lorraine vers la fin de septembre ou au commencement d'octobre.

Il ne chante pas et n'a qu'un petit cri de rappel : *vitt, vitt*, qui n'a rien d'agréable. C'est le plus implacable ennemi des cousins, des taons et des mouches. Il en prend de cinq à six cents dans une heure.

LA SITTELLE.

LE CARPOCASA. — LE XYLOCOPE.

On a souvent confondu la sittelle avec le pivert ; cependant elle en diffère essentiellement, tant par la taille que par les mœurs. Et ces deux oiseaux n'ont de commun que leur habitude de grimper, de frapper de leur bec l'écorce des arbres et de faire leur nid dans les vieux troncs vermoulus.

Sittelle.

La sittelle se tient le plus souvent au fond des grandes forêts, et on la rencontre rarement dans les taillis. Elle se nourrit de vers, de mouches, de hannetons et même de cerfs-volants, qu'elle met en pièces en les frappant à coups de bec, après les avoir fixés dans un trou, et ce n'est que lorsque le froid a fait périr ou engourdis ces insectes qui forment sa nourriture, qu'elle s'approche de nos vergers et de nos jardins. Je l'ai dit déjà, elle niche, comme le pivert, dans le creux des arbres ; seulement elle ne fait point de nid et dépose ses œufs sur le bois pourri ou la mousse que recèle le creux qu'elle a choisi. Si l'ouverture est trop large, elle la diminue avec une sorte de mortier qu'elle façonne de ses pattes et de son bec, d'où lui est venu le nom de *pic-maçon*.

Quelquefois pourtant on en rencontre dans les jardins ; ce sont celles qui y sont venues en hiver et qui ont trouvé à s'y loger commodément ; elles y nichent alors, et on les voit fréquemment, sous les arbres fruitiers, retourner, becqueter les fruits tombés à terre, pour y prendre le ver qui y a fait son domicile.

ÉMILE. — Et qui a rendu le fruit véreux ? Comment le nomme-t-on, Monsieur ?

LE MAÎTRE. — Oh ! d'un nom grec magnifique : *carpocapsa*, qui signifie *mangeur de fruits*. Mais on l'appelle plus souvent la *pyrale des fruits* ou *ver des fruits*.

CHARLES. — Je suis très-content que la sittelle nous ait conduits au ver des fruits ; je n'ai jamais pu comprendre comment ce ver peut aller chercher les fruits sur les arbres et y pénétrer pour les ronger.

LE MAÎTRE. — J'en suis encore plus content que vous, parce qu'elle me donne par là l'occasion de vous tirer de l'erreur commune dans laquelle je vois que vous êtes tombé, relativement au carpocapsa. Cet insecte, qui est de la famille des lépidoptères, dépose ses œufs, au printemps, dans ce que vous appelez *la mouche des fruits*. Après quelques jours, ces œufs éclosent, et les larves, qui n'ont qu'un millimètre de longueur, pénètrent dans le fruit, s'y logent à leur aise, le rongent, y déposent leurs excréments et n'en sortent que pour se changer en nymphes. Dans ce second état, elles se cherchent sous les feuilles une place convenable, et y attendent le printemps, époque où seulement elles deviennent de petits papillons grisâtres. Ce sont ces nymphes cachées sous les feuilles que le merle, la grive, recherchent pendant l'hi-

Carpocapsa.

ver, et le rossignol et la fauvette, lors de leur arrivée, au printemps.

La sittelle est très-friande d'un autre insecte, assez rare chez nous, mais très-commun dans les montagnes des Vosges. Son nom scientifique est *xylocope*, du grec *xylon*, bois, et *copto*, je coupe, qui signifie donc *bûcheron* ou *coupe-bois*. Dans les Vosges, les paysans l'appellent *le menuisier*. Cet insecte se creuse des galeries longitudinales dans le bois mort. Ces galeries sont partagées par des cloisons en autant de cellules que la femelle dépose d'œufs ; dans ces cellules, les œufs deviennent larves, et les larves, insectes parfaits. La première nymphe qui se transforme est toujours celle du fond de la galerie, celle qui provient de l'œuf pondu le premier ; elle sort par une ouverture qu'elle s'est pratiquée d'avance, afin de ne pas être obligée de traverser les loges où reposent encore les autres nymphes, ses sœurs.

Je vous parle du coupe-bois seulement pour vous montrer une fois encore l'instinct admirable des insectes ; car il est à remarquer que la première larve seule se ménage une porte de sortie, dont les autres se servent sans avoir songé à la préparer.

LE TARIER.

Les mêmes goûts, des habitudes semblables ont fait du tarier et du traquet deux êtres inséparables que l'on retrouve toujours dans les mêmes lieux. Buffon, pourtant, fait du tarier une espèce à part, et voici ce qu'en dit Bélon :

« On trouve un autre oiseau de la grosseur du traquet que les habitants de la Lorraine nomment un tarier, vivant par les buissons comme le traquet, ayant le bec grêle, et propre à vivre de mouches et de vermine. Ses ongles, jambes et pieds sont noirs, mais le reste du corps tire au pinçon montain, car il a une tache blanchette au travers de l'aile, comme le pinçon et le traquet. Le mâle a des taches sur le dos et autour du col, et la tête comme la grive, et les extrémités des ailes et de la queue quelque peu phéniciées comme au montain... »

Je n'ai rien à ajouter à cette description ; elle est de la plus rigoureuse exactitude. Mais il est un point essentiel, un point capital qui distingue essentiellement ces deux oiseaux : tandis que le traquet, dans sa vie tout aérienne, ne touche à la terre qu'à de rares intervalles, et seulement pour saisir les insectes qui sont à sa surface, le tarier, au contraire, ne se perche jamais ; il court sur les terres en friche, becquette dans les taupinières et y cherche les œufs de fourmis, qui composent en partie sa nourriture.

A part cette différence de mœurs, tout est commun entre eux. Comme le traquet, le tarier place son nid dans les lieux les plus sauvages et y dépose cinq œufs d'un blanc grisâtre et sale, tachété de noir. Il a les plus grands soins pour sa famille et la défend avec un courage qu'aucun danger ne peut effrayer.

Nous ne nous arrêterons pas davantage à cet oiseau, qui est assez rare en Lorraine et que vous ne devez pas connaître.

LE TARIN.

Beauté, grâce, talents heureux, gaieté inaltérable, tout a été donné à ce petit être capricieux et frivole, que la nature semble avoir créé dans un moment de joyeuse humeur, et dont elle a entouré le berceau d'un mystère resté jusqu'ici inexpliqué.

EMILE. — Je ne comprends pas trop ce que veut dire votre dernière phrase, Monsieur ?

LE MAÎTRE. — Elle signifie que l'on ne sait où niche le tarin ; on a prétendu que c'était à la montagne, mais on n'en est pas certain, et Buffon, lui-même, ne donne à cet égard que des probabilités.

Le tarin gazouille toujours ; c'est le boute-en-train de la volière ; c'est un de ces caractères heureux que rien n'émeut, qui supportent la bonne et la mauvaise fortune avec la même égalité d'humeur. Prenez-en un au passage, mettez-le en cage, un quart d'heure après il chantera ; mettez-le dans votre volière commune, le jour même il s'y sera fait un ami qu'il suivra partout : à la mangeoire, à la baignoire, à côté de qui il dormira.

Un de mes amis me disait un jour : « A mon dernier voyage à Nancy, j'ai acheté un tarin ; comme je n'avais pas de cage, je l'ai rapporté dans un petit cabas que j'avais recouvert de mon mouchoir ; depuis Nancy jusqu'à Dieuze, ce tarin n'a fait que gazouiller. » Je le crus sans peine.

Le tarin passe en Lorraine à deux époques : en automne et au printemps. D'où vient-il ? où va-t-il ? C'est ce que personne ne sait.

Le mâle seul chante, et il se distingue de la femelle par une tache noire sur la tête. C'est l'oiseau le plus facile à prendre et à conserver. Il donne dans tous les piéges et vient à la pipée. Il voyage en troupe et s'arrête partout où il trouve des graines à manger : de la salade, de la fleur de carotte, du chanvre et quelques insectes : la cécidomye, la teigne du blé, l'alucite. Ce n'est pas à proprement parler un oiseau de notre pays : il ne fait qu'y apparaître ; mais dans les courts instants qu'il passe chez nous, il nous égaie par sa gaieté et nous délivre de quelques petits ennemis; laissons-le donc accomplir ses voyages sans le troubler, sans le détourner de sa route et de la mission que Dieu lui a donnée comme à toutes ses créatures.

QUATORZIÈME CAUSERIE.

LE TORCOL.

LE CARABE DORÉ. — LE FOURMI-LION.

La nature, comme pour rappeler l'homme à lui-même, semble avoir pris plaisir à douer de facultés étranges certains êtres qui, par cela même, sont devenus, pour le penseur ; des objets de profondes méditations; pour le naturaliste, des sujets inépuisables d'études, et pour l'un et l'autre, des mystères où va se perdre la raison humaine.

Qui expliquera jamais pourquoi le torcol, qui a tous les caractères extérieurs des autres oiseaux, donne à sa tête à et à son cou ces mouvements onduleux qui paraissent être dus, ou à la crainte ou à la surprise, et qui font ressembler ses petits à une couvée de reptiles?

Torcol.

ÉMILE. — On ne sait donc pas à qu'elle cause sont dus ces mouvements bizarres, ni pourquoi l'oiseau les exécute ?

LE MAÎTRE. — Non, mon enfant; les naturalistes n'ont rien pu découvrir encore à ce sujet ; Buffon lui-même n'exprime que des conjectures.

CHARLES. — Le torcol se trouve-t-il dans nos forêts?

LE MAÎTRE. — Oui; mais c'est un oiseau solitaire et il ne se tient que dans la profondeur des grandes forêts. En automne seulement, il se rapproche de nous et vient se percher sur les grands épis de nos moissons restés debout. On le voit souvent alors occupé à fouiller dans les fourmilières pour y chercher des larves et des fourmis. Souvent aussi, comme le pivert, il attend ces insectes au passage et les saisit de sa langue longue et gluante.

JOSEPH. — Monsieur, en nous parlant de la fourmi, vous nous avez cité le torcol comme un de ses ennemis, et je reconnais que c'est vrai; mais vous nous avez parlé encore de deux insectes qui dévorent aussi la fourmi, et dont je ne sais que les noms : le *carabe doré* et le *fourmi-lion*. Voudriez-vous nous les faire connaître, car je crois que personne parmi nous ne les a étudiés?

LE MAÎTRE. — Très-volontiers, mon enfant.

Le carabe doré est un insecte très-commun. Il appartient à l'ordre des coléoptères et est généralement connu dans les campagnes sous les noms vulgaires de *jardinier* et de *couturière*. Il est long d'environ 25 millimètres, d'un beau vert doré en dessus, noir en dessous, avec trois côtes longitudinales sur les élytres. Ses pattes et ses antennes sont longues et effilées, de couleur roussâtre. Le carabe doré est fort utile en agriculture; car, outre la fourmi, il détruit une multitude d'insectes nuisibles. Gardez-vous donc, mes enfants, de lui faire aucun mal ; protégez-le plutôt, et hâtez-vous de vous détourner à sa rencontre, de peur de l'écraser. C'est peut-être de tous les insectes, avec

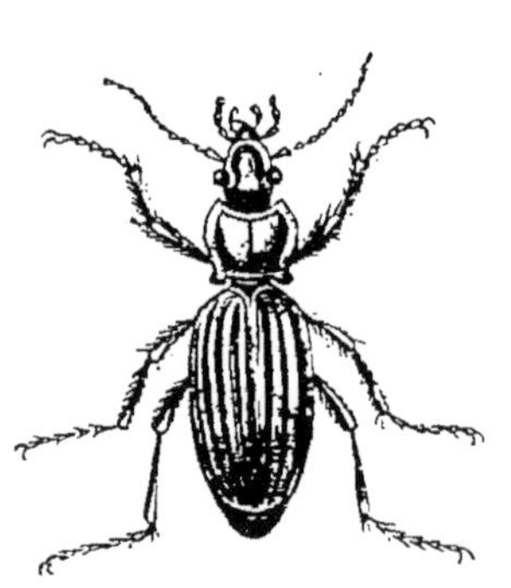

Carabe doré.

ses congénères le carabe noir, le carabe bleu et le carabe vert, celui qui nous rend le plus de services sans nous faire aucun tort ; car il se nourrit exclusivement d'insectes.

Le fourmi-lion, lui, est de l'ordre des *névroptères*, dont les caractères sont quatre ailes membraneuses, nues, transparentes, et les nerveuses croisées en réseau.

L'histoire du fourmi-lion (*formica-leo*) a été longtemps un tissu de fables absurdes, et les anciens en avaient fait, comme les poëtes, de la rose des Alpes, le symbole de l'ingratitude.

On prétendait qu'il naissait sous la forme d'une toute petite fourmi, qui prenait immédiatement, et en quelques minutes, des proportions énormes ; et qu'aussitôt arrivé à tout son développement physique, il dévorait les auteurs de ses jours. Il y a un siècle à peine que ces contes ridicules ont été détruits par l'observation et l'étude. C'est, du reste, un insecte très-bizarre, très-curieux. Il est de la grosseur d'une araignée ordinaire ; il marche très-difficilement ; mais en revanche la nature, en mère sage et prévoyante, l'a doué de la sobriété du chameau, de la patience du héron et de l'adresse du renard. Il naît dans le sable et il naît chasseur ; mais en raison de sa marche pénible, au lieu de poursuivre sa proie, il l'attend paisiblement au fond et aux abords du piége qu'il a préparé.

ALEXIS. — Mais, Monsieur, quel piége peut donc dresser un si petit animal ?

LE MAÎTRE. — Voici comment il opère : il choisit de préférence, pour établir son embuscade, le voisinage d'un vieux mur, d'un arbre, d'un buisson, dans un terrain sec, aride, sablonneux ou gravelé. Là, il creuse des sillons en spirale, en marchant à reculons et en fouillant la terre de sa partie postérieure, qui ressemble assez à un soc de charrue. Puis, à l'aide de deux petites cornes dont il est pourvu, il rejette au dehors la terre ainsi remuée. Vous devez le comprendre, c'est là un travail lent, pénible; mais le chasseur est patient. Cette fosse forme un sorte d'entonnoir en cercle parfait et toujours d'une profondeur absolument égale au diamètre. Sa fosse terminée, il se place tout au fond, sous le sable, ne laissant de visible que, ses deux cornes, à la base desquelles se trouvent deux petits yeux très-noirs et très-brillants. Le voilà donc en vedette, immobile, patient, mourant de faim quelquefois, mais toujours soutenu par l'espérance. Malheur alors à la fourmi qui s'égare sur les bords du gouffre! Entraînée par le sable qui roule, elle descend, descend et se perd. Si elle essaie de remonter la pente fatale, le chasseur sort de sa cachette; ébranle les fondements de l'entonnoir, et le sable s'éboule, entraînant la fourmi avec lui .Si, enfin, c'est un insecte ailé que la fortune lui envoie, le fourmi-lion à l'aide de ses cornes, lui lance des nuées de sable, qui l'ensevelissent. Bien repu, bien refait d'un jeûne de plusieurs semaines quelquefois, le rusé chasseur se remet à l'œuvre, répare les éboulements de son entonnoir, emporte au dehors et au loin les restes de cadavres qu'il n'a pas dévorés, et se replace philosophiquement à l'affût, avec la même patience et le même espoir. N'admirez-vous pas ici encore, avec moi, mes enfants, combien la nature est fertile en ressources, et combien elle est admirable dans toutes ses œuvres?

Émile. — C'est bien beau, en effet, et surtout bien intéressant; aussi serions-nous tous enchantés, Monsieur, si vous vouliez achever l'histoire de l'insecte, car je pense que ses métamorphoses ne sont pas moins curieuses.

Le Maître. — C'était bien là aussi mon intention, mon enfant. La vie du fourmi-lion est assez longue : un an, deux ans, trois ans, quelquefois plus, quelquefois moins. Sa vie s'est passée dans le sable, c'est là aussi qu'il subit toutes ses transformations. Aussitôt qu'il pressent les infirmités de la vieillesse, il renonce à la chasse, s'enfonce dans le sable, dont les grains s'attachent à son corps à l'aide d'une sueur gluante qu'il en fait sortir, file autour de son tombeau une soie fine, d'une délicatesse et d'une beauté exquises, et attend à l'abri de tout danger sa première métamorphose. Deux ou trois mois après, toute sa peau tombe et il a alors la forme d'un ver enveloppé d'une étoffe fine, mince, transparente, et sous laquelle on aperçoit des yeux, des pattes et six ailes.

Cette nymphe reste dans cet état pendant quinze ou

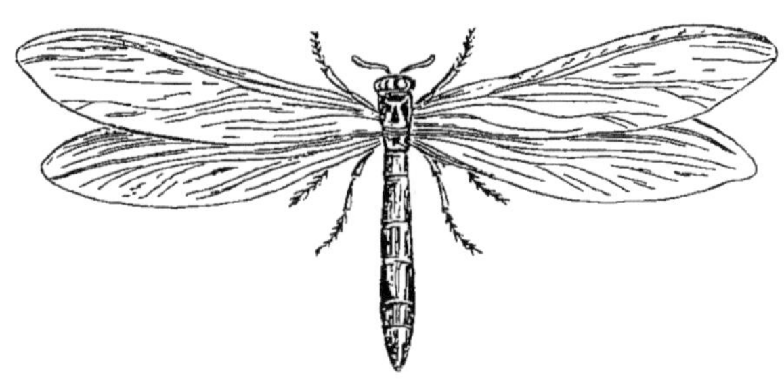

Fourmi-lion.

vingt jours, après quoi elle déchire la pellicule qui la retenait prisonnière et sort libre et svelte *demoiselle*, resplendissante de beauté. Mais après quelques jours de cette vie nouvelle et tout aérienne, et lorsqu'elle a déposé un à un ses œufs dans le sable, sa tâche étant accomplie, *la demoiselle*, comme toutes les beautés éphémères de ce monde, languit quelques instants, puis elle meurt.

Les jeunes fourmis-lions qui naissent des œufs, chassent aussitôt qu'ils sont nés.

Émile. — Ces beaux insectes d'un bleu d'azur ou d'un vert doré, à la taille svelte, fine, élancée, *les demoiselles*, enfin, proviennent de fourmis-lions ?

Le Maître, en souriant. — Mais, oui, mon enfant.

Émile. — Eh bien, je vous assure, Monsieur, qu'il y a peu de gens qui le sachent. Quant à moi, je ne m'en étais jamais douté.

Charles. — Ni moi.

Joseph. — Ni moi, non plus.

Alexis. — Ni moi, non plus.

Le Maître. — Soyez donc reconnaissants au torcol, qui nous a conduits à parler de cet insecte, et protégez-le de tout votre pouvoir.

LA TOURTERELLE.

FABLE.

Symbole de la douceur, de la simplicité, de la tendresse et de l'innocence, la tourterelle est l'oiseau chéri des jeunes filles.

La conformation de son estomac ne lui permet pas de toucher à une proie vivante : c'est un oiseau essentiellement granivore. Les cultivateurs l'accusent quelquefois de leur dérober quelques grains de colza et de chanvre ; mais que sont ces vols à côté des services qu'elle leur rend en purgeant leurs champs de graines nuisibles? Un naturaliste allemand a compté *deux mille cinq cents* graines de plantes vénéneuses dans le jabot d'un tourtereau.

Charles. — Vous venez de prononcer un mot que je ne connais pas, *jabot ;* voudriez-vous nous l'expliquer, s'il vous plaît, Monsieur?

Le Maître. — Le jabot est une sorte de poche placée près du cou des oiseaux. Dans cette poche, ils conservent quelque temps leur nourriture, sans la mâcher, avant de la donner à leurs petits ou de l'avaler.

Il est à remarquer, de plus, que la tourterelle choisit de préférence pour sa nourriture les semences que les autres petits oiseaux ne peuvent manger. Aussi, quand nous en voyons voltiger en troupe dans nos récoltes, elles sont occupées, non pas à nous nuire, comme on le pense souvent, mais à nous servir en consommant les graines des vesces sauvages, du bluet, du gerzeau (fausse nielle) et d'une foule d'autres plantes qui, sans ces oiseaux, empoisonneraient nos moissons et plus tard le pain de notre table.

Émile. — J'ai lu, il y a quelque temps, sur la brebis une fable qui pourrait aussi bien, je crois, s'appliquer à la tourterelle, car elles sont l'une et l'autre des modèles de bonté. Si vous le voulez bien, je vous la réciterai ; peut-être ne la connaissez-vous pas, Monsieur ?

Le Maître. — C'est très-possible, et vous savez que je suis toujours heureux d'apprendre.

Émile. — « La brebis avait beaucoup à souffrir des mauvais traitements de tous les autres animaux ; elle s'en plaignit à Jupiter qui l'écouta avec bienveillance et lui dit :
« Ma bonne créature, je vois que je t'ai créée avec trop
« peu de défense ; c'est une injustice qu'il faut que je ré-
« pare. Veux-tu que j'arme tes pieds de griffes et ta bou-
« che de dents terribles ?

« — Oh ! non, dit la brebis, je ne veux pas être sembla-
« ble aux animaux carnassiers.

« — Aimes-tu mieux que je cache un venin subtil sous
« tes dents ?

« — Ah ! reprit la brebis, les bêtes venimeuses sont si
« détestées !

« — Eh bien, que veux-tu donc ? Je vais attacher des
« cornes à ton front, et donner à ton cou plus de force.

« — Point du tout, père bienfaisant ; je pourrais devenir
« un animal aussi querelleur que le bouc.

« — Cependant si tu veux que les autres n'osent te « nuire, il faut que tu puisses nuire toi-même.

« — Il faut cela ! dit la brebis en gémissant ; alors, père « bienfaisant, laissez-moi telle que je suis ; car le pouvoir « de nuire en excite (je crains) le désir, et j'aime mieux « souffrir le mal que de le faire. »

« Jupiter bénit la bonne brebis, et de ce jour elle oublia de se plaindre. »

N'est-ce pas, Monsieur, c'est bien là le caractère de la tourterelle ?

Le Maître. — Oui, mon enfant : la douceur, l'innocence. Cette fable est bien belle ; je ne la connaissais pas et je suis bien aise que vous nous l'ayez racontée.

Voyons maintenant le traquet.

LE TRAQUET.

SES RUSES.

Un pieu isolé au milieu d'une prairie, un buisson au sein d'une vallée, un échalas qui domine les autres dans une vigne, une touffe de bruyères dans une plaine inculte ; ce sont là les perchoirs favoris du traquet. Il ne se pose jamais à terre, ne se tient jamais tranquille, voltige d'un buisson à l'autre ; et même lorsqu'il est perché, il agite constamment les ailes et la queue. Cette habitude de mouvement perpétuel a fait comparer cet oiseau au traquet d'un moulin et lui a valu son nom. Il est de la taille du chardonneret, mais un peu moins long. Il a la tête très-allongée et presque entièrement noire ; la gorge noire, la langue fendue, le dos noir et une sorte de cravate blanche autour du cou, la poitrine rougeâtre, le ventre jaune pâle ; sur les ailes il a une tache d'un blanc pur ; sa queue est rougeâtre à son extrémité , et ses jambes et ses pieds sont noirs.

Le traquet choisit de préférence les lieux solitaires, les landes, les bruyères, les friches, les terrains abandonnés, où il se nourrit de mouches, de cousins, de petits scarabées et de vermisseaux.

Il n'a qu'un cri de rappel ou d'alarme, si l'on veut : *tra, tra, tratra, ouistrata,* qu'il fait entendre dans les moments de danger pour avertir sa femelle ou ses petits. C'est un oiseau de passage ; il arrive à la fin de mars et part à la fin de septembre. Il se nourrit de ces myriades d'insectes, de moucherons qui volent entre les hautes herbes et les roseaux.

Je vous ai dit avec quelle ingénieuse adresse la lavandière et le motteux conjurent les dangers qui menacent leur famille ; le traquet, sous ce rapport, ne le cède en rien ni à l'un ni à l'autre de ces deux oiseaux. Pour construire son nid, il cherche dans ses domaines le lieu le plus désert, le plus obscur, le rocher le plus couvert de mousse et de laîches, le plus vieux tronc d'arbre, la pierre la plus noire, au bord d'un ruisseau. Une fois l'emplacement trouvé, il se met à l'œuvre, se glisse sous la feuillée, sautille d'une branche à l'autre, dérobe sa marche et ne sort du fourré qu'à une dizaine de mètres environ du point de départ. Pour rentrer, il opère en vertu du même principe, seulement d'un autre côté, de sorte que toutes ses entrées et ses sorties peuvent figurer les rayons innombrables d'un cercle dont la circonférence peut avoir de soixante à cent mètres, et dont le centre est son nid. On le comprend, il devient bien difficile au dénicheur de découvrir le nid du traquet, et pour le trouver il faut beaucoup de recherches et surtout beaucoup de bonheur. La femelle pond cinq ou six œufs d'un bleu grisâtre, tachetés de noir. L'incubation est de quatorze jours, et les petits sortent du nid, en volant, vingt jours après leur naissance.

ALEXIS. — Vous, Monsieur, qui avez élevé des oiseaux de toutes les espèces du pays, avez-vous jamais eu des traquets?

LE MAÎTRE. — Oui, et c'est un de mes plus grands regrets.

Étant enfant, il m'est arrivé un jour de dénicher des traquets et de vouloir les élever.

Je les ai conservés dix mois; mais il y avait une telle différence de caractère entre mes élèves et les traquets que j'avais vus en liberté, que je n'osais les regarder sans éprouver un violent serrement de cœur. Ce n'étaient plus ces hôtes aimables de nos bruyères, sautillant de buisson en buisson, c'étaient de hideuses contrefaçons, de misérables petits êtres rabougris, étiolés, sauvages. J'espérais tout du printemps; mais le printemps, avec ses joies, est venu ranimer la nature, et mes petits orphelins sont restés tristes, d'une tristesse navrante. Profondément affligé alors d'avoir causé tant de mal, je les pris un jour avec leur cage, je les portai à quelques pas d'un autre nid de traquet que j'avais découvert et où se trouvaient déjà des petits; je demandai pardon à Dieu d'avoir disposé ainsi du sort de ses créatures, puis j'abandonnai les malheureux déshérités, le cœur bien serré, mais espérant tout de celui qui n'oublie jamais l'orphelin, fût-il petit oiseau ou petit enfant.

J'ai pensé bien souvent à mes traquets; mais je n'en ai plus élevé. Enfants, que mon exemple vous serve de leçon!

LE TROGLODYTE.

HISTOIRE D'UN PRÊTRE ET D'UN INSECTE.

En ces froides journées de décembre et de janvier, où l'hiver, avec son funèbre cortége de glace et de neige, répand autour de lui la désolation et la mort, je n'ai jamais pu voir, sans éprouver un profond sentiment de tristesse, sous les toits de nos maisons, sur les poulaillers de nos basses-cours et jusque dans les lézardes de nos murs, ce joyeux et charmant petit oiseau auquel nos pères, dans leur langage poétique, ont donné un nom qui porte en soi quelque chose de mystérieux et de sombre : *troglodyte*. Troglodyte, en effet, signifie *habitant des antres et des cavernes*. Mais mes craintes étaient vaines ; malgré sa délicatesse apparente, le troglodyte brave la faim et le froid, et il y succombe rarement.

Troglodyte.

ÉMILE. — C'est lui que les gens de la campagne appellent improprement roitelet et qu'on ne voit qu'en hiver ?

LE MAÎTRE. — C'est lui-même. En été, il se tient dans la profondeur des bois ou dans l'épaisseur des haies ; il est difficile alors de l'apercevoir ; tout aux soins de sa couvée, qui consomme deux cents chenilles par jour, il ne fait que paraître en voletant d'une branche à l'autre, et il est si petit que les plus petites feuilles le cachent aux regards. Mais en hiver, et aussitôt que la neige a couvert la terre, il quitte ses demeures solitaires, et c'est alors qu'on le voit toujours vif, malgré le froid qui glace, toujours gai, malgré la faim qui le dévore, sautiller autour de nos habitations, fureter, chercher partout de son petit bec aigu les cadavres d'araignées, de mouches, de fourmis; s'abriter du vent et de la gelée dans les piles de bois, de fagots, de souches; s'approcher parfois de nos fenêtres et les becqueter à coups précipités comme pour demander une hospitalité qu'il paye de sa gaieté.

Émile. — Où niche-t-il, Monsieur?

Le Maître. — J'ai dit qu'il passe l'été dans les bois; c'est aussi là qu'il niche, quelquefois à quelques centimètres de terre, dans un buisson, sur les bords d'un ruisseau, contre un tronc moussu; d'autrefois dans l'anfractuosité d'un rocher, et même, dit Buffon, sur la loge des sabotiers qui travaillent dans les bois. Ce nid est formé, à l'extérieur, de mousse grossière, et ressemble assez à une boule; l'intérieur est garni de crins et de plumes; il n'a qu'une ouverture; il est placé à quarante ou cinquante centimètres de terre. La femelle pond de huit à douze œufs, de la grosseur d'un pois chiche, d'un beau blanc, légèrement tachetés de roux. Elle couve dix jours, et les petits sortent du nid le douzième jour après leur naissance.

Alexis. — Nous n'avons plus que deux oiseaux à étudier; racontez-nous donc encore, Monsieur, avant de nous quitter, une de ces bonnes anecdotes qui nous amusent tout en nous instruisant.

Le Maître. — Pour notre dernière causerie, j'en avais préparé une par laquelle je voulais vous faire mieux comprendre encore, si c'est possible, combien, dans la nature, tout est admirable, quoique les vues de Dieu nous soient souvent cachées, et combien enfin tout dans ses mains peut servir à notre salut et à notre bonheur. Mais puisque Alexis me prend au dépourvu, je vais vous la raconter aujourd'hui: j'en chercherai une autre pour notre dernière causerie.

On était en l'année 1793. La France était en deuil; le sang de ses enfants coulait à flots; c'était le règne de la terreur. Un pauvre jeune prêtre, proscrit, vêtu d'un habit de paysan, venait de quitter sa paroisse, et fuyait triste et pensif pour échapper à la hache révolutionnaire, Parfois il jetait en arrière un regard mélancolique comme pour dire adieu aux âmes que le Seigneur lui avait confiées et qu'il laissait seules, sans guide, au milieu de la tourmente politique. Alors, ses yeux se baignaient de larmes, et il priait.

Où allait-il? Dieu seul le savait.

Un soir, il arrive dans une petite ville, ou il espérait passer quelques jours chez un ancien ami d'études. Il cherche cet ami; mais au nom qu'il prononce, la foule s'émeut, l'entoure, le saisit... Ce nom est celui d'un noble dont la tête a roulé sur l'échafaud.. Lui, aussi, cet étranger, doit-être un ennemi de la patrie! On le conduit au tribunal révolutionnaire, qui était alors en permanence. Il avoue qu'il est prêtre, et, comme son ami, il est condamné à mort. L'éxécution doit avoir lieu le lendemain.

Le pauvre prêtre n'espérant plus qu'en Dieu, se prépare à la mort, et pour réparer un peu ses forces épuisées par une longue marche et par de si terribles émotions, il demande à son geôlier, en échange de ses derniers vêtements, un souper modeste. Comme le marché était bon, le geôlier fit les choses convenablement. Il ne refusa pas de s'asseoir à table avec le condamné et de répondre à son toast de prospérité et de longue vie pour lui et pour sa famille. Tout en vidant une bouteille, le geôlier se mit à raconter au condamné l'histoire bien longue, bien confuse bien détaillée, bien hérissée de crimes et de tortures de toute espèce, de la vieille et solide prison. Après l'histoire de la prison et celle des prisonniers, vint celle des juges, pourvoyeurs naturels de la prison.

— Par exemple, comment trouvez-vous la figure du citoyen président, celui qui est allé aux voix et qui vous a condamné ? Belle tête de président, n'est-ce pas ?

Le pauvre prêtre ne pouvait se rappeler sans frayeur le ton bref du citoyen président. Il ne répond donc pas, et le geôlier continue :

— Eh bien, une fois sorti de l'audience, ce n'est plus ça : pas plus de fiel qu'un mouton... Pourtant je lui trouve un défaut, une bêtise. Croiriez-vous qu'il n'est pas plutôt débarrassé de la besogne patriotique, qu'il court les champs pour attrapper des papillons, des chenilles, des insectes : une vraie petitesse indigne d'un citoyen qui connait ses devoirs...

A ces mots, le condamné tressaille ; car lui aussi a étudié les insectes, et il se rappelle même, que dans le fond de son chapeau, il possède une rareté entomologique, la *necrobia ruficornis*, qu'il a trouvée dans sa fuite. Tout en feignant de se cacher, il s'empare de l'insecte et le pique mystérieusement à l'extrémité inférieure du bouchon de la bouteille.

Le geôlier, qui n'a perdu aucun de ses gestes, croit voir dans cet insecte un objet séditieux, un signe suspect, dessert à la hâte, saisit avidement le bouchon accusateur et vole le porter au citoyen président, auquel il raconte ce qu'il a vu.

Quelques instants après, dans le cabinet du président, deux hommes étaient assis en face l'un de l'autre, les coudes appuyés sur une table couverte d'échantillons scientifiques de toute espèce : c'était le juge et le condamné : le prêtre enseignant, expliquant longuement, recommençant dix fois la leçon dix fois interrompue ; le juge, écoutant attentivement, applaudissant du geste, niant du regard, mais finissant toujours par se rendre à l'évidence, et alors ne se contraignant pas pour manifester son étonnement et son admiration.

Quelques heures après encore, deux hommes se disaient adieu en se serrant la main ; l'un était le condamné, qui montait en voiture, bien muni d'argent et des certificats de civisme les plus flateurs et les mieux en règle ; l'autre était le juge qui avait voulu conduire lui-même le bon prêtre et s'assurer qu'il ne serait ni inquiété à sa sortie, ni interrogé jusqu'à la ville prochaine, où il devait prendre la voiture de Paris, autre ville où tout s'oublie et se perd.

Ce prêtre, si miraculeusement sauvé se nommait Latreille, celui qui a mérité plus tard le surnom flatteur de *Prince de l'Entomologie française.*

Si jamais de grands dangers vous menacent, rappelez-vous, mes enfants, l'histoire de la *necrobia ruficornis*, et que ce fait vous soit la preuve que la providence se manifeste souvent par les moyens les plus vulgaires pour venir en aide à ceux qui ont confiance en elle.

QUINZIÈME CAUSERIE.

LE VANNEAU.

LE TARET.

Le Maître. — Le vanneau est très-rare en Lorraine, mais on le rencontre fréquemment aux environs de Dieuze, à cause de notre grand étang de Lindre. Il ne se plaît que dans les terrains marécageux, où il se nourrit de vers qu'il fait sortir de la terre en la frappant de ses pieds. Il se nourrit également de limaces et de limaçons. Sur les bords de la mer, des lacs ou de toute pièce d'eau navigable, il est l'ennemi acharné du *taret*, ce destructeur des constructions navales.

Vanneau.

Émile. — Cet insecte n'existe pas en Lorraine, alors, Monsieur ?

Le Maître. — Je ne le pense pas; cependant puisque le vanneau nous donne occasion d'en parler, je vais vous en dire quelques mots.

Le taret est un ver rongeur dont le travail a quelque analogie avec celui du cossus et du scolyte ; seulement, je le répète, il n'attaque que les constructions navales. Vers la fin du dix-huitième siècle, il s'est acquis une effrayante renommée en Hollande, dont les digues furent menacées d'une destruction complète. Les pieux qui servent d'appui à ces digues furent rongés avec une rapidité telle, que les Hollandais durent fuir, pour éviter une submersion imminente. Heureusement le fléau s'arrêta subitement, sans que l'on ait pu connaître la cause de cette disparition.

Lorsque le taret attaque un vaisseau, ce vaisseau est perdu sans remède; aussi les marins regardent-ils le vanneau comme un oiseau béni du ciel.

Émile. — Il niche sur les bords des pièces d'eau?

Le Maître. — Oui; la femelle dépose ses œufs dans les herbes, sur un petit berceau qu'elle prépare avec des laîches. Aussitôt que les petits sont éclos, ils suivent leur mère, qui a pour eux la plus touchante tendresse. Si quelqu'un semble s'en approcher, elle court au-devant du danger, attire l'ennemi au loin, traînant l'aile, comme si elle était blessée. Si ce sont des chiens qui chassent, elle s'élève lentement, mollement, paraît les inviter à la poursuivre, les mène au loin, puis revient à tire d'ailes auprès de sa chère famille, qui, comprenant les ruses maternelles, est restée immobile derrière un gazon, une touffe d'herbes.

LE VERDIER.

LA MANTE-PRIE-DIEU. — UNE DERNIÈRE HISTOIRE ET UN DERNIER CONSEIL.

Robe brillante et riche de tons, mœurs douces et paisibles, port gracieux, vie calme, simple, solitaire, chant monotone, mélancolique, qui ressemble aux soupirs d'une âme en pleurs, et qui porte à la rêverie, à la tristesse; tels sont les traits caractéristiques du verdier.

Il se tient partout, au fond des forêts les plus obscures, dans les haies de nos vergers et jusque dans nos prés ; il niche à quelques centimètres de terre ; quelquefois son nid est creusé au bord d'un ruisseau.

Joseph. — Cet oiseau est-il utile ?

Le Maître. — Oui, attendu qu'il fait sa pâture de chenilles, de fourmis, de mouches, de cécidomyes et de sauterelles. Dans le midi de la France, où il est très-commun, il préfère, à tout, une sorte de petite sauterelle appelée la *mante-prie-dieu*. Cet insecte, pour lequel les paysans ont une profonde vénération, a le cou très-effilé, la tête petite et plate, deux grands yeux à réseau, et au-dessus deux petits yeux lisses. Ses jambes sont très-longues, et comme il se dresse souvent sur celles de derrière et que, dans cette attitude, celles de devant sont croisées sur son corselet, il ressemble assez à une personne qui prie.

Émile. — De là son nom et sans doute aussi la grande vénération dont il jouit parmi les gens de la campagne ?

Le Maître. — Oui, et pour une autre raison encore. Des gens superstitieux ont prétendu que la mante naissait de la feuille d'un arbre. Voici ce qui a donné lieu à cette fable. Au moment de ses métamorphoses, la mante s'enferme dans une feuille verte et se suspend aux extrémités des branches des arbres. Un ignorant a vu s'ouvrir ces chrysalides, qu'il avait prises pour des feuilles, et en sortir un insecte parfait. Il a cru que l'insecte naissait de l'arbre ; il a raconté à un de ses frères en ignorance, ce fait, qui, porté de bouche en bouche, est devenu une croyance populaire. C'est ainsi que s'accréditent les erreurs, les préjugés, les pratiques superstitieuses.

Mes enfants, nous touchons à la fin de nos causeries : le verdier, vous le savez, est le dernier oiseau porté dans notre petit programme, et, je vous en ai dit tout ce qu'il y avait à en dire.

Alexis. — Alors, Monsieur, vous voudrez bien nous raconter l'histoire que vous nous avez promise il y a quelques jours ?

Le Maître. — Oui, mon enfant, et ce sera notre dernière histoire.

UNE DERNIÈRE HISTOIRE.

Au mois de septembre de l'année 1850, je voyageais dans les Vosges ; j'étais allé faire une visite au frère aîné de mon père, qui habitait un petit village perdu dans la montagne. C'était un bon vieillard tout frais encore, toujours gai, toujours content, plein de cet esprit gaulois qui a fait à nos aïeux une réputation universelle. Il avait servi pendant les grandes guerres de l'Empire, et, comme tous les vieux soldats de ces brillantes époques de notre histoire, mon oncle était un conteur inépuisable ; aussi, mon frère, mes sœurs et moi, l'aimions-nous comme un second père ; il était si bon et il nous amusait tant avec ses contes !

Un jour que nous nous promenions dans la montagne, aux environs de Framont, et qu'il me redisait pour la centième fois peut-être comment il avait été blessé à Austerlitz, comment son cheval Fritz lui avait sauvé la vie, comment l'Empereur lui avait frappé sur l'épaule, etc, etc., il s'interrompit tout à coup : Victor, me dit-il, aimes-tu toujours les histoires ?

C'était là une question qui avait lieu de m'étonner, car, depuis huit jours que j'étais chez lui, je n'entendais que raconter des histoires, et mon oncle savait parfaitement que je les l'écoutaistoujours avec le plus grand plaisir.

— Oh ! oui, mon oncle, lui répondis-je néanmoins, flairant quelque piquante histoire.

— Quel âge as-tu, vingt ans, je crois ?

— Oui, mon oncle.

— Et de l'ambition ?...

— Un peu.

— Je m'en doutais ; j'en avais aussi, moi, et beaucoup ; ton père a dû te le dire. Puis j'ai servi à une époque où il était permis d'aspirer à tout.

— Et pourtant vous avez renoncé volontairement à toutes ces espérances...

— Oui, et sans raison sérieuse, allais-tu dire peut-être ; car je sais que dans la famille on le croit généralement. Il est vrai que je n'ai jamais dit le véritable motif de ma détermination : on ne m'aurait pas compris. Mais comme il ne serait pas impossible que ce fût la dernière fois que nous nous voyons...

— Mais, mon oncle...

— Pas de mais ;.. je ne pense pas mourir de sitôt, sans doute ; mais, à mon âge, on n'est jamais bien sûr du lendemain ; donc, comme il pourrait se faire que ce fût la dernière fois que nous nous voyons, et puisque tu es jeune, ambitieux, instruit, intelligent, et que je t'aime comme j'aimais ton pauvre père, je vais te dire, à toi, ce qui m'a décidé à quitter le service, pour devenir simple garde forestier, malgré ma croix et mes galons de sous-officier.

Écoute-moi bien. Il y a là une histoire, un conte instructif et intéressant, dont tu pourras, comme moi, faire ton profit.

Il s'agissait d'une histoire, d'une histoire intéressante je vous laisse à penser, mes enfants, si cette recommandation était bien nécessaire.

J'assurai mon oncle que je serais tout oreilles, et il commença ainsi :

La campagne de France était terminée depuis quelque temps, et l'Empereur était entre les mains des Anglais.

Moi, j'étais resté à l'hôpital de Troyes, à la suite de deux blessures que j'avais reçues dans notre dernière affaire avec les cosaques. J'en souffrais doublement : blessé par des cosaques! Mais je me promettais une terrible revanche, et un événement insignifiant en lui-même est venu tout-à-coup changer mes projets de vengeance et d'ambition. Tu sais que j'ai toujours beaucoup aimé la lecture. Je lisais donc à peu près tout ce qui me tombait sous la main, ou que les camarades m'apportaient ; mais, tu le devines, ce qui m'amusait le plus, c'étaient les journaux de l'Empire, où je retrouvais nos campagnes. Tout cela me consolait un peu de mes blessures ; car je me rappelais combien nous avions dû en faire nous-mêmes!... Toutefois, et malgré mon goût passionné pour la lecture, je ne lisais jamais de romans, ni de feuilletons. Cependant, un jour, je vois au milieu de la quatrième page d'une de mes vieilles feuilles, un titre qui excite ma curiosité : ce titre était : *le Prix de la vie*. J'avais joué tant de fois la mienne, que, par simple curiosité, je voulus voir quelle était la valeur de mon enjeu.

Je lus donc le feuilleton : je vais te rapporter en abrégé ce qu'il disait. Remarque que ce n'est plus moi qui parle, mais Bernard, le héros de mon histoire.

— J'avais vingt ans, j'étais gentilhomme, je ne rêvais que gloire ; ma mère et mes sœurs, elles, ne rêvaient que mon bonheur et voulaient me retenir auprès d'elles pour jouir en paix, dans notre château de la Roche-Bernard, de la fortune que nous avait laissée notre père.

Malgré leurs prières et leurs larmes, je voulus partir et me rendre chez M. le duc de C..., ancien ami de mon père, notre protecteur, et qui demeurait aux environs de Sedan. J'arrivai dans cette ville un peu avant la nuit, et j'allai me loger *aux Armes de France*, l'hôtel des officiers. Après le souper je m'informai du château de M. le duc de C... Tout le monde vous l'indiquera, me dit-on ; c'est dans ce château qu'est mort un guerrier célèbre, le maréchal Fabert. Alors on parla du maréchal Fabert. Notre hôte nous dit que, dès son enfance, Fabert s'était occupé de magie, de sorcellerie ; qu'il avait fait un pacte avec le diable, et que c'était à ce pacte qu'il avait dû tous ses succès. Il nous assura même que le jour de la mort de l'illustre homme de guerre, on avait vu sortir un homme noir qui emportait l'âme de Fabert... Ce conte bleu nous amusa beaucoup.

Le lendemain, je partis dès le matin, et j'arrivai d'assez bonne heure au château, que je regardai avec une certaine curiosité en pensant au récit de l'aubergiste des *Armes de France*.

J'entrai, et un valet m'ayant dit qu'il allait prévenir son maître, me laissa seul dans une immense salle d'armes. J'attendais depuis quelques minutes, lorsque j'entendis, dans une chambre voisine, comme des soupirs, des sanglots ; puis, la porte s'étant ouverte, je vis venir à moi un homme de haute taille, d'une tournure militaire, d'une figure distinguée, enfin d'un extérieur qui annonçait quelque chose de noble, de grand.

— Qui êtes-vous, me dit-il ?

— Je suis le chevalier Bernard, de la Roche-Bernard.

— Je sais, je sais... Et il se jeta dans mes bras et me parla de ma famille avec l'affection d'un vieil ami.

— Vous êtes monsieur le duc de C...? lui dis-je.

Il me regarda avec attendrissement, se remit à pleurer, me prit la main :

— Je ne le suis plus, me dit-il. Il alla fermer la porte et revint près de moi. Écoutez-moi, jeune homme, ajouta-t-il ; ce que je vais vous dire, vous ne le croirez pas. Souvent j'en doute moi-même, mais les preuves sont là. Je suis né dans ce château et je suis le plus jeune de trois frères. Dès l'âge de vingt ans des rêves d'ambition vinrent troubler mes nuits. Je ne pensais alors qu'à la gloire littéraire. J'avais pour confident de mes rêves un vieux nègre, domestique de mon père depuis longues années et sur qui roulaient mille histoires; on prétendait même qu'il avait connu le maréchal Fabert et assisté à ses derniers moments.

A ces mots je tressaillis involontairement en pensant au récit de l'aubergiste des *Armes de France;* mais le duc continua.

— Ce nègre se nommait Iago. Un jour donc je me plaignais de mon obscurité; oh! comme je donnerais dix années de ma vie, m'écriai-je, pour être placé au premier rang des auteurs! Iago était là, il sourit: C'est payer bien cher un peu de fumée! J'accepte vos dix années, me dit-il. Je crus avoir perdu la raison en entendant ces paroles du vieux nègre. Quelques jours après, des affaires m'appelaient à Paris, et quelques mois plus tard encore chacun se disputait mes ouvrages. Iago avait tenu sa promesse. Mais je m'aperçus bientôt que c'était de la fumée. Je songeai alors à la gloire militaire, et je m'écriai encore: Oh! comme je donnerais dix années de ma vie pour une réputation militaire! Iago était là, il sourit: Maître, me dit-il, c'est payer bien cher un peu de fumée; mais j'accepte.

Je m'aperçus bientôt encore que c'était de la fumée. Je désirai alors les richesses, et au prix de cinq années de vie Iago me les accorda.

J'ai possédé châteaux, palais; mais, ce matin, me sentant faible, je sonnai mon valet de chambre; ce fut Iago qui parut:

— Iago, lui dis-je, je suis malade.

— Je le sais, maître, me répondit-il, vous allez mourir.

— Je vais mourir, dis-tu?

— Oui, maître, comptez: le ciel vous avait donné cinquante années de vie. Vous en aviez vingt lorsque l'ambition vous est venue, vous m'avez donné dix années pour la gloire littéraire, dix années pour la gloire militaire, cinq pour la fortune, plus cinq années que vous avez vécu encore, et pendant lesquelles vous en avez dépensé vingt cinq des autres ; total cinquante années !

— Iago, Iago, donne-moi quelques années encore !...

— Non, maître, ce serait les prendre sur les miennes.

— Quelques jours ?...

— Non, maître.

— Iago, quatre heures, et je renonce à ma gloire littéraire ?

— C'est un marché de fou que je fais, mais vous avez été bon maître, je vous les accorde.

— Iago, quatre autres heures, et je renonce à ma gloire militaire... la journée, Iago, et je renonce à ma fortune, à mes richesses !..

— Maître, vous abusez de ma bonté ; j'accorde donc ; mais, à ce soir, je viendrai prendre votre âme, comme j'ai pris autrefois celle du maréchal Fabert...

Et Iago disparut. Et ce jour, jeune homme, est le dernier de ma vie..... Et je ne verrai plus ce beau soleil, cette belle nature, tous ces bois dont je pouvais jouir vingt-cinq ans encore... et j'ai tout sacrifié pour une folle chimère appelée la gloire !... Voyez ces paysans qui vont au travail en chantant ! ils n'ont point d'ambition, eux... Que donnerais-je pour partager leurs travaux, leur bonheur... Mais je n'ai plus rien à donner, je vais mourir !...

Voyez donc, monsieur Bernard, comme ce soleil est beau !... il me faut quitter tout cela...

Et il se mit à pleurer.

Quant à moi, j'étais brisé, anéanti... Oh ! alors, comme je voyais s'évanouir mes rêves... comme aussi, dans ma pensée, les prairies, les forêts, le parc de la Roche-

Bernard, m'apparaissaient radieux, resplendissant de beauté.

— J'en étais là de mes réflexions, lorsque, la porte s'ouvrant, un domestique annonça : M. le duc de C...

M. le duc entra ; je ne comprenais plus rien... C'était en tous points le portrait de l'étrange personnage qui me parlait depuis une demi-heure.

— Pardon, monsieur le chevalier, de vous avoir fait attendre, me dit-il en me tendant la main. J'étais absent lors de votre arrivée ; et j'arrive de Sedan consulter pour la santé de mon frère cadet que vous avez vu.

— Serait-il donc malade, monsieur le duc ?

— Oh ! non, il est sauvé maintenant. Mais des idées un peu exaltées qu'il avait dans sa jeunesse et une longue maladie qu'il a faite il y a quelques semaines, lui ont laissé un certain égarement d'esprit. Il s'imagine avoir fait un pacte avec le démon de Fabert ; il croit toujours qu'il va mourir et qu'un nègre va venir chercher son âme.

Je compris alors.

— Revenons à vous, monsieur le chevalier. Je partirai cette semaine pour Versailles et je vous présenterai au roi.

— Monsieur le duc, je connais toutes vos bontés pour ma famille, et je viens en son nom et au mien vous en remercier.

— Comment, vous renonceriez à la cour ?

— Oui, monsieur le duc.

— Mais, pensez donc, qu'avec votre nom, dans dix ans, vous serez colonel !

— Dix années de perdues !

— Mais est-ce donc payer trop cher les honneurs, la célébrité qui va s'attacher à votre nom ? Allons, chevalier, nous partirons.

— Non, monsieur le duc ; je repars auprès de ma mère et de mes sœurs.

— C'est de la folie !

Et, me rappelant ce que j'avais vu et entendu, je pensai que c'était de la sagesse. Je revins à la Roche-Bernard, où je ne suis pas devenu colonel, c'est vrai, mais où je suis aimé, adoré de mes domestiques, des paysans qui cultivent mes terres, où depuis vingt ans je suis heureux enfin.

Voilà, mon cher Victor, ajouta mon oncle, ce que j'ai lu dans une vieille feuille, à l'hôpital de Troyes ; je te l'ai dit, j'étais blessé ; l'Empereur était prisonnier. Cette aventure du chevalier Bernard changea le cours de mes idées : je pensai à mon village, au bonheur que je pouvais y trouver. Bref, je pris mon congé, je retournai à S... Mes blessures se guérirent, et trois mois après, le garde forestier étant mort, je demandai sa place et je l'obtins. Voilà comment et pourquoi j'ai quitté le service.

— Mais, si l'Empereur était resté ?

— Oh ! alors, je serais resté aussi, tu le comprends.

— Et les Cosaques ?

— J'y pense quelquefois encore, dans les moments de brouillard, quand ma jambe me fait souffrir, mais je leur pardonne : c'est peut-être à eux que je dois le bonheur dont je jouis depuis bientôt trente-cinq ans... Maintenant, à toi, Victor, as-tu bien saisi le sens moral de cette histoire ? Ne trouves-tu pas que le chevalier Bernard ait agi avec sagesse en renonçant à une vaine gloire pour rester dans les sentiers d'une vie modeste mais calme, tranquille, heureuse ? .. Veux-tu jouir d'un bonheur pur ; veux-tu voir s'écouler heureux les jours que le ciel te réserve ? crois-moi, mon cher ami, suis son exemple ; fais comme ton oncle, qui lui-même a imité le chevalier : abandonne les projets ambitieux que tu peux nourrir dans ton inexpérience, et reste dans la condition où la providence t'a fait naître. Tu es jeune, instruit, intelligent ; tu possède là trois trésors précieux ; utilise-les en faveur de tes semblables ; c'est là une gloire moins brillante, mais qui te procurera crois-moi, de plus douces satisfactions que celles que le monde te donnerait, au prix de ton intelligence, qu'il userait, de ta science, qu'il te volerait, de ta jeunesse, ta belle jeunesse, qu'il ruinerait.

—Mais, mon oncle, je suis pauvre, vous le savez, il faut vivre pourtant.

— C'est là que je t'attendais. Voici mes projets. Reste avec moi ; notre maître d'école est vieux ; je te placerai chez lui ; cette année peut-être tu le remplaceras. C'est une noble carrière où l'on peut faire beaucoup de bien, surtout dans nos montagnes où les gens sont bons, mais ignorants : reste. Vois donc la montagne, comme elle est belle ! Vois la vallée, dis-moi où pourrais-tu trouver d'aussi ravissants paysages ? Puis je t'instruirai ; tu sais que je suis un peu naturaliste ; je te montrerai les beautés de la nature ; je t'enseignerai les mœurs des oiseaux, les mœurs des insectes. Tu verras combien la montagne a rendu savant le vieux frère de ton père. Reste avec moi, Victor ; je suis vieux ; parfois je m'ennuie seul ; tu embelliras mes dernières années ; tu me fermeras les yeux, je te bénirai. Alors, tu seras heureux, car la bénédiction d'un vieux soldat, mourant sans reproche, porte bonheur. Tu seras heureux, mon enfant ; car je prierai Dieu pour toi, et lorsqu'il m'aura appelé à lui, je lui dirai que tu es un noble cœur, et il te bénira aussi.

Je me jetai en pleurant dans les bras de mon oncle.

L'aventure du chevalier Bernard, qui avait converti le soldat, venait de me convertir à mon tour. Voilà comment je suis devenu instituteur.

CHARLES. — Et vous êtes heureux, Monsieur, nous

le savons, nous le voyons tous les jours.

Le Maître. — Aussi heureux qu'il est possible à un homme de l'être en ce monde.

Quant à vous, mes enfants, vous, à qui j'ai enseigné à tout voir des yeux de l'intelligence et de l'observation, vous savez combien la campagne peut avoir d'agréments pour celui qui sait borner ses désirs. Ne quittez donc pas vos villages, où vous êtes tranquilles et libres de tous les soucis du monde : cultivez en paix les champs de vos pères; et si quelquefois des ambitieux, des imprudents, venaient troubler votre bonheur en vous berçant des fausses et trompeuses illusions des villes, racontez-leur à votre tour l'aventure du chevalier de la Roche-Bernard, et continuez à vivre au sein de vos familles.

Maintenant, mes enfants, nos causeries sont terminées. Comme je vous l'avais annoncé, nous avons étudié les oiseaux sous le rapport de leur utilité et sous le rapport des plaisirs qu'ils nous donnent, et vous avez vu combien, sous ces deux points de vue, ils ont droit à notre protection. Par leur tendre sollicitude pour leurs petits, vous avez compris combien notre enfance coûte de larmes à nos bons parents, et combien nous devons les aimer. A ce propos, je vous citerai un précepte d'une légende arabe, que je vous conseille de graver profondément dans vos cœurs : « Cours au désert, mon fils, observe la cigogne ; elle porte sur ses ailes son père âgé ; elle le soigne dans ses infirmités ; elle pourvoit à tous ses besoins. La piété d'un fils pour son père est plus douce que l'encens de Perse offert au soleil, plus délicieuse que les parfums qu'un vent chaud fait exhaler des plantes aromatiques de l'Arabie. »

Ma tâche est finie, mes enfants, la vôtre va commencer. J'ai semé dans une bonne terre, la moisson, je l'espère, sera abondante. Elle sera abondante, en effet si, à l'exemple que vous donnerez de la douceur et de la bonté envers les animaux, vous joignez le zèle à propager les leçons que vous avez reçues. On est d'autant plus fort à faire aimer le bien, que l'on sait mieux persuader, par sa conduite et par de bonnes raisons, ceux que l'ignorance plutôt que la méchanceté porte à en enfreindre les salutaires préceptes.

FIN.

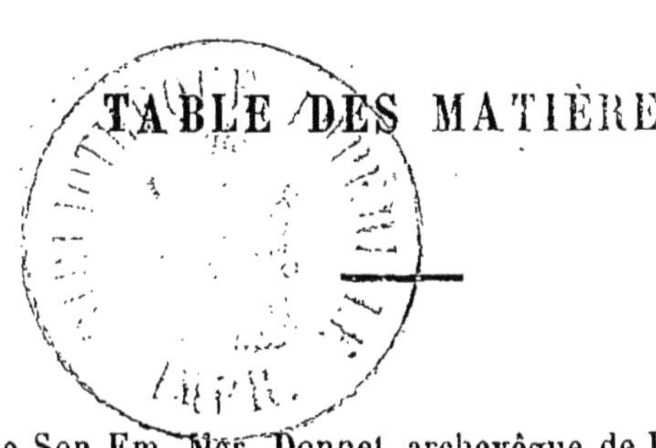

TABLE DES MATIÈRES.

PREMIÈRE CAUSERIE.

DEUXIÈME CAUSERIE.

TROISIÈME CAUSERIE.

QUATRIÈME CAUSERIE.

CINQUIÈME CAUSERIE.

SIXIÈME CAUSERIE.

SEPTIÈME CAUSERIE.

HUITIÈME CAUSERIE.

NEUVIÈME CAUSERIE.

DIXIÈME CAUSERIE.

ONZIÈME CAUSERIE.

DOUZIÈME CAUSERIE.

TREIZIÈME CAUSERIE.

QUATORZIÈME CAUSERIE.

QUINZIÈME CAUSERIE.

EN VENTE A LA MÊME LIBRAIRIE

LA

SCIENCE DES CAMPAGNES

PETITE ENCYCLOPÉDIE RURALE

PUBLIÉE

SOUS LA DIRECTION DE **A. YSABEAU**, AGRONOME,

ANCIEN PROFESSEUR D'HISTOIRE NATURELLE,

Autorisé pour les Bibliothèques scolaires et les Écoles publiques par arrêté du 28 février 1863 et honorée de la souscription de S. Exc. le Ministre de l'Agriculture et du Commerce.

25 volumes, format in-18 raisin, avec gravures dans le texte.

PRIX DE CHAQUE VOLUME CARTONNÉ : **60** CENT.

Terres cultivables. Amendements et Engrais, par L. BARON.
Défrichements. Irrigations et Drainage, par A. YSABEAU.
Instruments agricoles. Labours, Semailles, Fenaison et Moisson, par A. YSABEAU.
Plantes alimentaires et Plantes fourragères, par A. YSABEAU.
Plantes industrielles, par A. YSABEAU.
Vignobles et Vergers, par A. LAUZA.
Vaches laitières. — Bœufs et Animaux d'attelage, par M. COLLOT.
Porcs, Oiseaux de basse-cour et Lapins, par A. YSABEAU.
Abeilles, Vers à soie et Pisciculture, par A. LAUZA.
Comptabilité agricole simplifiée, par A. YSABEAU.
Petit Code pratique du cultivateur, par A. YSABEAU.
Culture des arbres fruitiers à tout vent, par le Dr H. ISSARTIER.
Le Jardin potager, Notions pratiques de culture maraîchère, par A. YSABEAU.
L'Ecole et la Ferme, ou une Lecture par semaine sur les travaux de l'année agricole, par M. Michel GREFF.
Le Catéchisme agricole, par M. Michel GREFF.
La Fermière, ou Notions d'économie domestique rurale, par M. GREFF.
La Botanique des Écoles, par M. PIZETTA.
Les Veillées de la ferme, par Louis FORTOUL.
Petites Lectures sur la loi, par A. PUTOIS.
L'Astronomie vulgarisée, par A. BOILLOT.
Eléments de Météorologie, par A. BOILLOT.
Premières leçons de Natation, par J. A CONSEIL.
De l'Agriculture et de son importance, par MAIGNÉ.
Tableaux synoptiques d'hygiène et de médecine par ARRAULT.
Paix aux Animaux!..., par J. M. SOREL.

PARIS, IMP. PAUL DUPONT, RUE DE GRENELLE-SAINT-HONORÉ, 45.

www.ingramcontent.com/pod-product-compliance
Ingram Content Group UK Ltd.
Pitfield, Milton Keynes, MK11 3LW, UK
UKHW020555230726
13926UKWH00005B/2030

9 782013 619554